U0230134

茶道原理

黄向军 著

文汇出版社

图书在版编目（CIP）数据

茶道原理 / 黄向军著 .—上海：文汇出版社，
2020.4
ISBN 978-7-5496-3119-3

Ⅰ . ①茶… Ⅱ . ①黄… Ⅲ . ①茶道－中国 Ⅳ .
① TS971.21

中国版本图书馆 CIP 数据核字（2020）第 027328 号

茶道原理

著　　者　黄向军
责任编辑　徐曙蕾
装帧设计　高静芳

出版发行　🔲文匯出版社
　　　　　上海市威海路 755 号
　　　　　（邮政编码 200041）

照　　排　南京理工出版信息技术有限公司
印刷装订　上海新文印刷厂
版　　次　2020 年 4 月第 1 版
印　　次　2020 年 4 月第 1 次印刷
开　　本　710×1000　1/16
字　　数　170 千
印　　张　16

ISBN 978-7-5496-3119-3
定　　价　45.00 元

目录

序 1

自序 1

上编　茶与中华之道

茶中道　第一 3

茶中仙　第二 28

茶中禅　第三 51

茶中礼　第四 71

茶中乐　第五 93

下编　茶之中华大道

茶之缘　第六 117

茶之契　第七 140

茶之器　第八 161

茶之事　第九 184

茶之道　第十 206

茶人　第十一 227

后记 249

序

滕
军

　　我与作者相识，是在 2009 年。后来因为在北大校外公益介绍日本茶道，开始往来。再后来，为了研究日本茶道中包含的中华文化元素，作者开始跟我学习日本里千家的茶道。我与他，也就彼此逐渐熟识起来。

　　我本人 20 世纪 90 年代初在日读博期间，就开始研究日本茶道。我一直感慨，日本茶道中存在着大量的中华文明思想要素。这种感触，随着时光流转，越来越浓。因此，对于茶道文化在哲学思想层面的挖掘工作，我一直期待有人专门开展起来。所以在作者跟我学习期间，当我了解到他的北大哲学专业背景之后，就特别期待，希望他能够在这方面做些研究。

　　十年过去了，很高兴他的研究成果现在终于可以呈现给各位读者了。作者学术功底扎实，逻辑思维清晰，文笔精致流畅，在市场经济的狂浪中不畏艰难、锲而不舍，终有收获。令我敬佩，更令我期待他在将来有更大的成就。对于本著的学说是否对这几十年来中国茶文化的理论研究有所提升，需要专家来评价，我不便多说。但是，鉴于黄向军这么多年的努力，我特此写一下缘起，是为序。

2020 年 1 月

自序

茶道何以成立？

简单地讲，有两种茶道，一种是饮茶之道，一种是借茶修道。前者构成茶文化的种种内容，而后者，需要站在全部人类知识的基础之上发生作用。

全部人类的知识大约可分为两类。第一类是向外的知识，这类知识涉及政治、经济、文化、艺术、科学、技术、战争、统治、创造、毁灭等，无论对错，总归有迹可循，可教、可学、可传、可受，是人存活于世的工具，或者帮人们生产创造，或者供人们生活娱情。人类社会如同在这个宇宙中的一个统一的活体，凭借这类知识，个人得以作为一个细胞存活于人类社会这个活体中，这类知识大致可被佛家称作"世间法"，被儒家称作"为人之学"。

另一类知识是"出世间法""为己之学"，是向内的。这类知识之所以存在，是因为个人根本上必然需求"关心你自己"，而要做到真正关心自己，必然要向内下功夫。这一类知识，是个人式的内在，是否能懂，不在于别人，而在于当事人本人。于是乎，这类知识只可比喻但无法言说，自本自根，可传而不可授，可得而不可见，可掌握而不可教学。这类知识的掌握，只能依靠个体人自身的努力钻研。

好在经过千百年的积淀，人类尽管不能直接教授为己之学，但毕竟发展出一系列技术系统，让个体的人有可能借助这些技术系统进行为己之学的学习，这类技术，是可学习的世间法。其中，最重要的为己之学的支持技术系统，就是借茶修道的茶道。

既然要借茶，那么是可替代地借用，还是不得不借？如果是可替代的并非核心的借，茶就不过是辅修，算不得纯粹的茶道。只有不得不借，茶在这种修行系统中无可替代，这种茶道才是正修的茶道。

茶道，在道不在茶，借茶修行为己之学。对为己之学的探索，历史上尽管可能有种种成就，但是所有的探索，都一定起始于面向自我内心的转向：自己的眼光转向内去关注自心。茶道，让人有机会掌握、巩固并保持这种转向。茶，不是生活的必需品，但它是生命的必需品。

茶道，让个人的生命成为最好的。

上编

茶 与 中华 之 道

第
一

茶
中
道

一

茶中道通向哪里？《林中路》通向哪里，茶中道就通向哪里。

《林中路》是哲学家海德格尔在人类命运的非常时期围绕"存在之真理"问题对艺术和诗进行本质沉思的思想结晶。在海德格尔看来，艺术和诗是真理的现身。我们要说，茶，就像海德格尔眼中的艺术与诗一样，绝不只是一种饮品，它更是文化的载体。茶中有道。这条道，与人这种动物的生命状态息息相关。

关于人类的生命状况，我们有必要进行一番审视。鲁迅先生曾经撰写了独幕话剧《过客》，对此做了非常形象的描绘。

> 《林中路》为20世纪德国著名思想家海德格尔最重要的著作之一，被视为现代西方思想的经典作品，是进入海德格尔思想的必读之作。海德格尔被视为现象学学派的发展者、存在主义哲学的创始人。

在剧中，主角的名字就叫"过客"，他不知道自己的称呼，不知道从哪里来，不知道向哪里去，他要去的向西的方向，西边有野百合，西边有野蔷薇，但西边也有坟。剧中的配角，一位老翁，劝"过客"转向，劝他停留，劝他休息，但是"过客"不肯改变自己的方向，尽管自己已经遍体鳞伤，但是有声音常在前面催促自己，叫唤自己，使自己停息不下。

人生岂非如此？人生的尽头，一定是死亡，但是，我们岂能不面对死亡？我们岂能无视自己的人生？我们岂能不努力在此生追求？

这部话剧描述的场景，可能是我们人类每一个成员生命中都会面临的境遇：人生，与其说如梦，莫若说如迷困于密林中的旅人。这座密林中的人生之路遍布荆棘、前途茫茫，不但无穷的自然界充满了未知的奥秘，而且，对于我们人类生活于其中的社会自身，我们同样远远不了解：

> 我们都认为自己很了解社会。但事实上，社会世界对我们来说还是个谜，而由于我们没有意识到这一点，更加深了其神秘性。社会是贴近我们生活的日常现实，但是，我们并不只因为生活在其间而对它有更多的了解，就像我们不会因为自己必然作为生命的身体存在而对生理学有更多的了解一样。（[美] 兰德尔·柯林斯、迈克尔·马科夫斯基《发现社会之旅：西方社会学思想述评》）

我们每个人都会面临走入"人生的荆棘丛"这种情况，此时，我们失去方向，无所适从，迷路在人生丛林之中。

造成这种情形的原因很简单：我们每个人，作为独立个体，都必然会历经成长的过程——从婴儿到成年，从蒙昧的野性到开化的人性，从自我的觉醒到生命的凋零。

　　当我们还是懵懂少年的时候，当然一切都不成问题，然而，我们每一个人终究都在一天天长大。总有一天，我们的年龄会让我们不得不注意到：原来人是会死亡的，自己身边一个个生命的消逝，总是在提醒着我们，自己的人生是短暂的。沉静的夜晚，独自面对明月，问问自己的心灵，生命的迷茫就会自然显现。"生年不满百，常怀千岁忧"，蓦然回首，已不再少年，突然发现，自己已经迷路在人生的密林荆棘丛中。生活充满了迷茫，迷茫生活、迷茫社会、迷茫生命。

　　更有甚者，一大堆让自己头疼的问题都可能出现：人生的方向在哪里？人生的出路在哪里？生命是不是只能等待死亡的光临？生命是不是终归一切成空？人生，有没有一条路，能让我们逃脱死亡？人生，有没有一条路，即使无法让我们逃脱死亡也能让我们无愧平生？人生，有没有一条路，能让我们超越无常？

　　我们的灵魂是活生生的，能够自觉着自我，能够觉知着自我的存在；心灵，了知着自己的变迁，无奈着生命的无常，迷离着运命的终结。于是乎，灵魂面对迷茫，会深深地陷入人生的虚无、荒诞和绝望的体验之中难以自拔。这是不可避免的生命的困顿，这种困顿，让我们挣扎，让我们不可能不追问自己生存的意义与方向。

　　这些问题的困扰，对于行走在人生路上的我们，决不仅仅是思想上的，它们更是切身的、不可回避的。毕竟，我们人类是能够自觉的动物：觉知自我的存在，觉知自身的有限，觉知自心的迷惘。这种困境很让人恼火，但这是我们每一个人都不太可能摆脱的命运，这是没办法的现实。

人生，必然历经种种无所适从，必然历经种种遍体鳞伤，必然历经种种困境绝望。这是人生必然的历程。

我们的生命，就像是迷路在现世界种种尘缘构成的密林中，就像鲁迅《过客》中的主角"过客"，我们这些历史的过客，此生此世来到了这个充满迷雾的世界上，来到了林中破败的"或一处"。《过客》中的老翁劝告"过客"休息下来，那么，人生可以休息下来——任凭命运的摆布吗？鲁迅先生的主角选择了前进：

> 是的，我只得走了。况且还有声音常在前面催促我，叫唤我，使我息不下。可恨的是我的脚早经走破了，有许多伤，流了许多血。〔举起一足给老人看，〕——因此，我的血不够了；我要喝些血。但血在哪里呢？可是我也不愿意喝无论谁的血。我只得喝些水，来补充我的血。一路上总有水，我倒也并不感到什么不足。只是我的力气太稀薄了，血里面太多了水的缘故罢。今天连一个小水洼也遇不到，也就是少走了路的缘故罢。

作为历史中的一个过客，是停留休息下来浑浑噩噩，还是继续走入密林找寻道路？鲁迅先生的主角选择了挑战人生。

鲁迅先生笔下主角的自我选择，与加缪的荒诞主义颇有相通之处。古希腊神话中的西西弗斯，因惹恼了众神，被惩罚永久地将一块大石头推上山顶，但最终都不可避免地要承受着大石头滚下山谷的结局。加缪据此撰写《西西弗斯的神话》，讨论生命的荒诞境遇。

　　鲁迅先生的立意不在于反思生命的境遇，他想重点表达的是："过客"选择了直面自己的人生，选择了自己去认真追求，哪怕自己最可能仍然是一无所获，哪怕看得见自己的前路无法回避的是——坟。鲁迅先生的"过客"，更像是挑战风车的堂吉诃德。或许，命运真的只是风车，或许，我们对命运的挑战只能是堂吉诃德的自以为是，或许，冲上去试图扼住命运的咽喉，可能永远只是一个笑话。但是，作为堂吉诃德的我们，还是会向风车冲上去，试图扼住命运的咽喉，一次又一次。

　　这选择或许是我们的不得已，但更是我们的自我选择，因为，我们不要被动地接受命运的摆布。

　　如同"过客"，如同堂吉诃德，人类历史中的很多个体，为了挑战个人无常的必然命运，一定且一直尝试过各种力所能及的方式，制作、改进、使用各种工具，建立、尝试、总结各种方法，挑战人生。人类一代又一代，不断在前人的经验基础上，锲而不舍，屡败屡战。自发地，自觉地，独自地，一代代地，埋头苦干、拼命硬干，舍身求法、舍身求道。求一个自我人生意义之道。

　　如果我们接受命运的摆布，如果我们不去探寻林中路，留在林中的"或一处"，是否可以呢？恐怕，在这里庸庸碌碌停留下去会

阿尔贝·加缪（1913—1960），法国小说家、哲学家、戏剧家、评论家。人的尊严问题，是他关心的根本问题。哲学论文集《西西弗斯的神话》所说西西弗斯（又译西绪弗斯），是希腊神话中的一个人物。西西弗斯因为卓尔不凡的智慧惹恼了众神。作为惩罚，他被迫周而复始地推石上山。加缪由此发展了"荒诞人"的观点。由类似的"荒诞"出发，萨特走向焦虑和不安，而加缪则走向幸福。

更加无稽，因为，我们作为人这种生物体，很难违背自己的心。只有心的死亡，才可能真正浑浑噩噩一生。

　　每一个人类成员独立个体，每一个拥有自我的自己，都不可能不从懵懂开始人生，都不可能不对生命的道路展开探索，都不可能不重新从起点出发，走入密林中。这是一种生命的必然。

　　那历史长河中的过客和堂吉诃德们，曾经不断地出发，不断地走过老道路，不断地寻找新道路。那些找路的先人，都没有回来。他们是走出去了，还是倒在了路旁？林中究竟隐藏着怎样的道路？正如海德格尔在《林中路》扉页的题词那样：

　　　　林乃树林的古名。林中有路。这些路多半突然断绝在杳无迹处。

　　　　这些路叫作林中路。

　　　　每条路各自延伸，但却在同一林中。常常看来仿佛彼此相类。然而只是看来仿佛如此而已。

　　　　林业工和护林人识得这些路。他们懂得什么叫作在林中路上。

　　林业工和护林人是不是真的认识这些路，还有待考察。命运就是这样，新一代的人，终归会从蒙昧的婴儿开化出自我；新一代的人，终归会自觉到自己生命的无常、生命的逼迫；新一代的人，终归会不得不再次出发找寻自己人生的出路。"天地不仁，以万物为刍狗。"

从某种角度看，其实，所谓的文明、文化，正是我们的先人努力突破自我人生的成果积累，不断突破、改进、总结人生的失败，从而积淀成为人类文明。本质上说，文明就是人类追求自身解放的经验与知识的累积。

对于个人来说，当确切感受到自我的无常之时，就是走上求道之路之时。开始的时候，是在继承先辈的经验、依据先辈的路标前进，但是走到水穷处的时候，就开始修改先辈的错误，逐渐留下自己的新路标，留下经验，再继续前行。历史上过去、现在、未来的堂吉诃德们，人生所求的，未必有结果，但追求过程，必然累积经验，必然积淀，从而成了人类的文明。

我们的命运，也是如此。这个过程，生而为人，难以拒绝。人必然追求生命的意义，人必然有突破人生的求道之心，这是我们的运命。

这林中种种的人生的道路，蜿蜒曲折，歧路众多，有的有着先辈留下的路标，有的什么标志也没有，无论选择哪一条，越是走向深处，越是人迹罕至。这种心情颇似李白所写：

　　　　停杯投箸不能食，拔剑四顾心茫然！
　　　　欲渡黄河冰塞川，将登太行雪满山。
　　　　闲来垂钓碧溪上，忽复乘舟梦日边。
　　　　行路难！行路难！多歧路，今安在？

更有甚者，道路就在前方突然"断绝在杳无迹处"，让人很想学学阮籍来一个穷途之哭。哭当然不是办法，解决问题的唯一办法是：找到真正可以前进的路。否则，只能是永远地倒在路旁。

这就是所谓的人类这种动物的生命状态。

茶与人类息息相关的正是直接关联到了生命状态这种层面。当然，这种关联究竟达到了怎样的高度，我们需要予以更准确的评估。因此，我们有必要更深度地探索个人生命与人类文明之间的关系。

二

按照海德格尔的说法，林业工和护林人识得林中路的情况，他们对我们即将踏上的人生旅途是最有帮助的。他们未必真的知道哪一条是走出林中路的通路，甚至很多外围的护林人未必去过林中，但是他们之中毕竟有人经常在林中穿梭，了解林中路的分布，甚至号称走出过密林，他们当中流传着很多关于林中道路的描述。

哲学学者、历史学者、人类学者、宗教学者等，他们都是林业工或者护林人，他们做了很多卓越的工作，记录下许多传闻和自己走过的道路，我们应当多多了解他们对林中路的描述。

关于个人生命与人类文明之间的关系，资深护林人、宗教社会

学家彼得·贝格尔对此给出了非常有见地的说明。贝格尔发现，人
这种动物自身的生理特性，决定了"人类社会"的诞生。

贝格尔指出，非人类的动物诞生在这个世界
上的时候，其本能已经高度专门化了，它们自身
的特性让它们生活在一个或多或少由它们的天生
结构决定的世界中。这是一个封闭的世界，老鼠
有老鼠的世界，狗有狗的世界，狮子有狮子的生
活，每类动物都生活在适合其特定种类的环境

中，种种可能性仿佛都已由动物自己的生理结构安排好了。动物们
的行动，出于它们的本能：

> 兽类并不知道它努力的**最后**结果是什么。它寻找食物，
> 照顾幼仔，并不是因为它有个体保存和种的保存的观念，
> 它做这些并不一定需要它了解所有这些事情，重要的是它
> 要做这些事情。（［美］彼得·贝格尔《神圣的帷幕》）

人类像别的动物一样，有自身独特的行动而不必然意识到这些
行动的最后结果是什么。从出于本能行动这一点讲，人类与其他
动物并没有什么不同，问题是，人类本能的形成很独特——是后
天的：

> 人与其他较为高级的哺乳动物不一样，哺乳动物生来
> 就具有一个基本完成的有机体，而令人奇怪的是，人生来

就是"未完成的"。在完成人的发展过程中，关键步骤（对其他的高级哺乳动物来说，这些步骤在胎儿时期就已经发生了）出现在人出生后的第一年。也就是说，"成为人"的生理过程出现在孩子与外部有机环境相互影响的时候，这种环境包括孩子的自然世界和人造世界。（[美] 彼得·贝格尔《神圣的帷幕》）

人天生的结构就是没有固定化的，没有被导向只适合某种特定的物种环境。就这个意义而言，不存在天然的属于人的世界。人的世界并不是人类自己的生理结构所安排的，人的世界是一个开放的世界，"人必须为自己制造一个世界"，它是一个必须由人自己的活动来形成的世界——这是人的生理构造造成的结果。

人，拥有"自觉"这种独特的生理能力，这种能力在后天才正式发挥作用，最初体现为"知觉"这种神经能力，并进一步在神经系统反应中发展出"自我"这种神经生理机制。最重要的，随着生理的后天成长，"自我"不但可以"觉知"身体以外的世界，而且可以"觉知"自己精神世界内部的状况，从而，生物体自调节内部精神世界成为可能，"自我"可以进一步在后天发展。最终，理性这种能力得以在后天成立。理性的存在，让人类不得不尝试理解世界，所谓理解，就是对意义的渴求。有了理性的人，人生活于其中的世界就再不能一成不变，随着人对意义的渴求，理性的探索得以展开，世界不断在人面前展露新的内容，世界不断被开拓。

人类学的前提，就是人类对意义的渴求，这是人类的本能。

　　这种渴求似乎具有本能的力量。人生来就不得不把有意义的秩序强加于实在之上。（[美]彼得·贝格尔《神圣的帷幕》）

人类这种拥有理性的有机生物，在这个世界上，不存在先天的已经被决定了的固定不变的生活世界，人与世界的关联与关系，必然处于不断的发展之中，"人自始至终处于'赶上自己'的过程中"。在这个不断追求意义的过程中，人制造了一个人类所特有的世界，并让自己的生命在世界中找到位置与意义。"人不仅造就了世界，也造就了自己。"这个过程，贝格尔称之为"外在化"的过程。

人类为自己建造了一个意义构成的世界，"这个世界，当然就是文化"，个人对意义的追求不断相互作用，构建出一种共同意义的秩序——社会文化。

　　每一个社会都在建造一个在人看来有意义的世界，这是一项永不会完结的事业。秩序化或宇宙化，意味着把这个对人来说具有意义的世界，等同于世界本身，前者以后者为基础，并在基本结构上反映它或来源于它。（《神圣的帷幕》）

文化成了人的第二本性，它之所以被创造出来，就是为了给人类生活提供在生理上所欠缺的那种可靠结构，它要求具有稳定性。

"在社会中建立起来的法则，就其最重要的方面而言，也许可以被理解为抗拒恐怖的避难所"，人在这个意义世界中得以栖息，客观性的社会给个人提供了一个栖身的世界。

人类社会与文化被人类建造出来，为每一个人而存在着，为每一个人所分享，独立于个人之外而客观存在。它成为在主观方面难以理解的、具有强制性的事实性与人相对。以至于对个人而言，社会等同于物质宇宙的"第二自然"。

人类与社会文明的第一重关系大致如此。

社会文明的客观存在的强制性，体现在它把自身的存在强加于个人，"个人被社会化而成了一个被指定的人，并且住在一个被指定的世界中"。比如，个人在社会中必须扮演某种角色，哪怕碰巧他并不特别喜欢那种表演。丈夫、父亲、舅舅这类角色都是在客观上确定的。个人可以保留有别于角色的自我意识，就像演员和面具那样，但他不得不违反自己的意愿；个人可以对抗社会的强制赋予，但是，他要准备好自食其果。"社会最重要的功能是法则化。"社会的全部内容：身份、角色、习俗、传统、家庭、经济、国家、制度、规程、语言、文字、观念、时尚、潮流、价值观、意识形态等，强制性地与个人进行互动。

这个过程当然也是个人主动应对的过程。作为拥有理性的"真实自我"的个人，能与自己的面具、角色、社会身份进行内心的对话，实际上，只有通过这种对话，进而个人调整自己的行为，社会所赋予的活动才得以实现。比如：努力让自己当好一个父亲。个人理性的自我，与现实不断地对话，调整自己的心理与行动。接受社会身份与责任，个人把社会引入内心，使它们成为他的意义，从而塑造出现实的自己，从而成为社会的一员。社会赋予个人的意义，真的就成了他的意义。比如，通过别人称呼他的那个身份，他时刻知道自己是谁。"个人不仅变成了拥有这些意义的人，而且成为能代表和说明它们的人。"个人生活在社会的世界中，过着一种有秩序、有意义的生活。

在这一层面上，社会文明是人类秩序与意义的卫士，离开社会，人就活不了：

> 与社会世界彻底隔离，即所谓越轨或失范，就形成了对个人的强有力的威胁。在这种状况下，个人丧失的不仅是情感方面令人满意的关系，他在经验方面也迷失了方向。在极端的情况下，他失却了对实在和身份的意识。他陷入了失范状态，因为他变得没有自己的世界了。（《神圣的帷幕》）

脱离社会，个人需要只身与多种自然危险搏斗，这还在其次，更重要的是，脱离社会，会让他不再知道自己是谁，会使个人在心理上遭受难以承受的压力——生命失去意义。

这就是人类与社会文明的第二重关系。

必须强调，社会与个人是需要时刻进行"对话"的，个人的"社会世界凭借与有意义的人（如父母、老师、'同伴'）的对话而建立在个人意识之中的"，保持同类的对话，个人的生活世界就得以维持。然而,"从心理学角度而言,要维持一个世界的困难,在于难以保持这个世界在主观方面的看似有理性",一旦因为配偶、朋友或其他有关联的人离开或者死亡,这种对话结束,个人的世界就开始动摇,丧失了主观的看似有理性,个人失去了自己是谁的依据,必须重新寻找到自我。

人是拥有理性的动物,理性可以让"自我"进一步成长,也就是说,人在心理上是可变的,人的理性让人可以不断理解社会、理解世界,人自身心理的变化也会动摇世界的看似有理性。人的生活并不仅仅处于社会秩序与法则之中,个人必然在生命中遭遇各种无秩序、无意义,对个人而言,这简直就是疯狂和噩梦。

> 人们希望在一个正常有序的世界之内生活,也许可以以一切献祭(牺牲)和受难,甚至以生命本身为代价(如果个人认为这种终极牺牲具有法则的意义的话)。(《神圣的帷幕》)

生命丧失意义会让人无法忍受,以至于人宁死也不愿要它。
这一类的感受,恰恰是不可回避的生命的困顿,即所谓"边缘情境"。

> 最严重的边缘情境是死亡。在目睹他人之死(当然,特别是有意义的他人)以及预期自己的死亡时,个人不得不深深地怀疑关于他在社会中"正常生活"的特定的认识

和规范的有效方法。死亡向社会提出了一个可怕的问题，不仅因为它明显地威胁人类关系的连续性，而且因为它威胁着关于社会赖以生存之秩序的基本设想。(《神圣的帷幕》)

死亡挑战一切，"死亡向一切在社会中被客观化了的实在，即关于世界、他人和自我的解释提出了激烈的挑战"。边缘情境揭示了一切人类社会世界固有的不稳定性，因为，毕竟社会是人的产物，这种实体离开人类活动便没有立足之地，文明、文化，必须靠人来不断创造再创造，天生的不稳定，注定要发生变化。"每一条社会中的法则，都必然不断地面临着崩溃而陷入极度混乱的可能性。"社会世界存在的意义在于为个人提供各种各样的方法，去避开极度混乱可怕的世界，并使之逗留在既定法则的安全境界之中。

但是，社会提供的既定法则，毕竟不是终极的法则，只是暂时的安全，个人的"社会化绝不可能完成，它必定贯穿个人一生的连续不断的过程"，要得到终极的安全，个人不可能不自己去追求并获得。

个人，踏上林中路，寻找走出密林荆棘的机会，是生命的必然。

三

要走出人生的密林荆棘，当然不必要重新开拓林中路。我们可可以首先依照前辈的指点踏上旅途，在那人迹罕至、道路中断之处，再去考虑如何自己开拓。参考人类文明已有的成果是十分有意义的。

当然，历史上的文明彼此不同，关于这方面，资深护林人、历史学家阿诺尔德·约瑟·汤因比的意见非常值得参考，他曾经对人类文明大森林的整体轮廓作过一些归纳。

在汤因比眼里，文明社会发展到现在，最多不过三个大的时代。从时间上看，人类历史至少已有 30 万年，而历史进入文明阶段也不过刚超过 6000 年，文明的历史长度只占人类历史总长度的 2%。在哲学意义上，所有文明社会都是同时代的；从价值上看，所有文明社会如果同理想的标准相比，其所谓巨大的成就又都是微不足道的，所有文明社会在哲学上又是等价的。

从某种意义上，历史视角的汤因比，同意哲学视角的海德格尔的意见："林中多歧路，而殊途同归。"（海德格尔《林中路》）似乎汤因比什么也没说，其实他给了重要的原则性意见：千道万道，出得了林子的就是好道。

站在汤因比"文明等价"的立场上看，人类文明已经尝试开辟的条条林中路，并不是好与坏的区别、对与错的区别。重要的是：我们怎么看？我们怎么选？关键要适合自己。

怎么选呢？

在伯特兰·罗素的眼中，种种的林中路，无非两大种。在他

阿诺尔德·约瑟·汤因比（1889—1975），英国历史学家。他对历史有其独到的眼光。他的十册巨著《历史研究》讲述了世界各个主要民族的兴起与衰落，被誉为"现代学者最伟大的成就"。

的著作《西方哲学史》开篇"希腊文明的兴起"中，他提到了一个很有意思的酒神话题——狄奥尼索斯崇拜或者说巴库斯崇拜：

伯特兰·罗素（1872—1970），20世纪英国哲学家、数学家、逻辑学家、历史学家、社会活动家。罗素与弗雷格、维特根斯坦和怀特海一同创建了分析哲学。1950年，罗素获得诺贝尔文学奖。其所著《西方哲学史》是一部在全球知识界影响巨大的学术名作。

> 狄奥尼索斯或者说巴库斯，原来是色雷斯的神。色雷斯人远比不上希腊人文明，希腊人把色雷斯人看成是野蛮人。正像所有的原始农耕者一样，他们也有各种丰收的祭仪和一个保护丰收之神。他的名字便是巴库斯。巴库斯究竟是人形还是牛形，这一点始终不太清楚。当他们发现了制造麦酒的方法时，他们就认为酣醉是神圣的，并赞美着巴库斯。后来他们知道了葡萄而又学会了饮葡萄酒的时候，他们就把巴库斯想象得更好了。于是他保护丰收的作用，一般地就多少变成从属于他对于葡萄以及因酒而产生的那种神圣的癫狂状态所起的作用了。

> 对于巴库斯的崇拜究竟是什么时候从色雷斯传到希腊来的，我们并不清楚，但它似乎是刚刚在历史时期开始之前。对巴库斯的崇拜遇到了正统派的敌视，然而这种崇拜毕竟确立起来了。它包含着许多野蛮的成分，例如，把野兽撕成一片片的，全部生吃下去。它有一种奇异的女权主义的成分。有身份的主妇们和少女们成群结队地在荒山上整夜欢舞欲狂，那种酣醉部分的是由于酒力，但大部分却

是神秘性的。丈夫们觉得这种做法令人烦恼，但是却不敢
去反对宗教。这种又美丽而又野蛮的宗教仪式，是写在幼
利披底的剧本《酒神》之中的。（罗素《西方哲学史》）

随后，罗素通过引用康福德的观点，大量讨论了从狄奥尼索斯
崇拜中改良的奥尔弗斯教对早期哲学的可能影响。

我们需要注意的是，罗素指出，古希腊人在传统的被看作一种
可钦可敬的静穆之外，还有直接间接地受巴库斯和奥尔弗斯影响的
狂热：

> 虽非所有的希腊人，但有一大部分希腊人是热情的、
> 不幸的，处于与自我交战的状态，一方面被理智所驱遣，
> 另一方面又被热情所驱遣，既有想象天堂的能力，又有创
> 造地狱的那种顽强的自我肯定力……
> 　　事实上，在希腊有着两种倾向，一种是热情的、宗教
> 的、神秘的、出世的，另一种是欢愉的、经验的、理性的，
> 并且是对获得多种多样事实的知识感到兴趣的。（罗素《西
> 方哲学史》）

狂热，还是静穆？世间的林中路，不是这边，就是那边。

或许我们无法找到纯粹的道路，但是，主流是静穆还是狂热？
无论哪条林中之路，一定有所归属。

如果一大类路受到作为酒神巴克斯的影响，是热情的、宗教

的、神秘的、出世的，代表了酒中路，那么，另一类路是欢愉的、经验的、理性的，并且是对获得多种多样事实的知识感到兴趣的。这条路，古希腊作家希罗多德就倾向于此；最早的伊奥尼亚的哲学家们也是如此；亚里士多德在一定限度内也是如此。这后一种路，引出了纯正的哲学探索，引出了理性的崇尚，引出了科学的精神，孕育出了近代欧美西方文明的昌盛。

弗里德里希·威廉·尼采（1844—1900），德国著名哲学家。西方现代哲学的开创者，同时也是卓越的诗人和散文家。后来的生命哲学、存在主义、弗洛伊德主义、后现代主义，都以各自的形式回应尼采的哲学思想。

这后一条路，我们应当如何称呼？

尼采在《悲剧的诞生》中将它称为"阿波罗精神"或"日神精神"。事实上，狄奥尼索斯与阿波罗精神的区分，最早是因尼采才闻名于世的。因为在希腊神话中，阿波罗是太阳神、射神、音乐神（善弹竖琴）、医神等，他所代表的，是崇高静穆、理性克制、像太阳一样稳定、威严、温暖。当然了，尼采最初讨论的是艺术，但正如马科夫斯基《发现社会之旅》所言，很多学者同意，显然尼采是站在人类文化学的立场上讨论这个风格区别的。美国现代著名文化人类学家本尼迪克特对这两种概念的区分进行了引申，她把这种区分与文化模式联系在一起，日神精神与酒神精神成为两种对比性的文化模式。当然了，她并不意将人类的各种文化模式统统划归入这两种类型，但是这种基本类型的区分方法，

鲁思·本尼迪克特（1887—1948），美国当代著名文化人类学家、民族学家、诗人。她与 M. 米德一起开创的文化心理学派、种族心理学派，影响巨大，对文化人类学，特别是对文化与个性领域的研究产生了深刻影响。她对日本的研究《菊与刀》一书成就最大。

目前显然已普遍被世人重视：文化模式有两种——日神精神、酒神精神。

陈来先生并不满足于尼采或本尼迪克特提出的日神精神和酒神精神的区分：

> 日神与酒神的范式根源于希腊神话的西方模式，而在礼乐文化中熏陶养成的中国人的行为和心态，也应可以用中国自己的文化意象或概念来刻画。中国古代文化中人格神话不发达，难以提供给我们一些可便使用的神话意象。但中国文化中有四个古老的重要意象，这就是"阴""阳""刚""柔"……（陈来《古代宗教与伦理》）

> 文化模式是社会学与文化人类学研究的课题之一。分为特殊的文化模式和普遍的文化模式两类。特殊的文化模式是指各民族或国家具有的独特的文化体系。各民族或国家之间有着不同的文化，即文化模式的不同。多数学者认为，形成这种一致性的原因是统一的社会价值标准，也有学者认为是一个社会中的人共有的潜在意愿。

这种区分颇有见地。确实，我们大可不必从神话意象中寻找，但我们也没必要一定改变二分法的思路，因为在中国文化内部，对此很早就有了类似西方的区分。

酒神之路，很容易让人联想起中国的刘伶。《晋书·刘伶传》载刘伶：

> 身长六尺，容貌甚陋。放情肆志，常以细宇宙齐万物为心。澹默少言，不妄交游，与阮籍、嵇康相遇，欣然神解，携手入林。

初不以家产有无介意。常乘鹿车，携一壶酒，使人荷锸而随之，谓曰："死便埋我。"其遗形骸如此。尝渴甚，求酒于其妻。妻捐酒毁器，涕泣谏曰："君酒太过，非摄生之道，必宜断之。"伶曰："善！吾不能自禁，惟当祝鬼神自誓耳。便可具酒肉。"妻从之。伶跪祝曰："天生刘伶，以酒为名。一饮一斛，五斗解酲。妇人之言，慎不可听。"仍引酒御肉，隗然复醉。

刘伶是竹林七贤之一，与嵇康、阮籍、山涛、向秀、王戎及阮咸，七个人常常在竹林下聚会，肆意酣畅，他们"越名教而任自然""非汤武而薄周孔"，大都"弃经典而尚老庄，蔑礼法而崇放达"，逃避与司马氏联姻，纵酒放达、脱衣裸形，等等情状，不一而足。

当时仿效竹林七贤之风大起，《竹林七贤论》指出：

是时竹林诸贤之风虽高，而礼教尚峻，迨元康中，遂至放荡越礼。乐广讥之曰："名教中自有乐地，何至于此？"乐令之言有旨哉！谓彼非玄心，徒利其纵恣而已。
（《世说新语》）

在这个时代，经学衰落，名教也出现危机。所谓名教即礼教，也就是"三纲五常"之教。社会裂变，名教斯文扫地，社会奢靡成风，腐朽残暴。司马炎、司马衷、何曾、王济、王敦、王恺、石崇等帝王大臣豪族是奢靡腐朽残暴的典型人物。石崇与王恺斗富，使魏晋奢靡之风发展到极限，而两人宴请宾客时互杀美女，也使魏晋残暴发展到了顶点。

实际上这一时代，社会精英阶层也并不缺乏乐观向上的精神，所谓魏晋风流冲击的"礼教"，正是倡导欢愉的、经验的、理性的生活。

儒家的礼本质上并不是禁欲主义的产物，"礼之用，和为贵"，让人际关系愉悦和谐，让生活过程合理合情，让生活状态中正平和。《礼记》强调"礼者所以定亲疏，决嫌疑，别同异，明是非也"。

"夫礼之初，始诸饮食"，魏晋时期，反对奢靡酗酒的门阀士族，采用了对抗"酒"的饮品——茶，来表达自己的态度。

> 陆纳为吴兴太守时，卫将军谢安尝欲诣纳，纳兄子俶怪纳无所备，不敢问之，乃私蓄十数人馔。安既至，所设唯茶果而已。(《茶经》)

在这个时代，区别单纯利用酒宴菜肴自成体系的"茶果"茶宴，被士大夫拿来作为标榜自己不同于奢靡的象征。

茶，成为侈（放纵）的对立面——俭（约束）。

这正是陆机总结的："茶之为用，味至寒；为饮，最宜精行俭德之人。"

尼采、罗素所说的人类文明的两类道路：一类是巴克斯崇拜的酒神文化的酒中道，在中国，也是如此称呼；另一类，西方使用了日神来代表，中国则是陆机所说的最宜精行俭德之人的茶中道。

酒中道，是热情的、神秘的、出世的；茶中道，是欢愉的、经验的、理性的。前者，狂热；后者，静穆。

茶，可以代表理性的精神方向。茶，不仅仅只是传递一种精神气质的意蕴，它更是整个人类文明走向的表征。从本质上看，茶是与人类的宿命紧密相连的，茶代表了文明的方向，茶代表了生活的方向，茶代表了生命的方向。

生命的方向是什么？选择茶的方向，可以找到自我之路，从中发现自我之路。人类文明包括的内容林林总总，无非酒中道，或者就是茶中道。

如果说，人类成员的每一个人，总有一天都要面临人生的困顿，都要踏上求道之路，都需要参考人类文明已有的成果，那么，我们需要做的是：选择酒中道，还是选择茶中道。

美国诗人罗伯特·弗罗斯特《未选择的路》中的诗句，似乎特别与海德格尔的《林中路》相呼应：

> Two roads diverged in a yellow wood,
> 黄色的树林里分出两条路，
> And sorry I could not travel both
> 可惜我不能同时去涉足，
> And be one traveler, long I stood
> 我在那路口久久伫立，

And looked down one as far as I could

我向着一条路极目望去,

To where it bent in the undergrowth.

直到它消失在丛林深处。

Then took the other, as just as fair,

但我却选择了另一条路,

And having perhaps the better claim,

它荒草萋萋, 十分幽寂,

Because it was grassy and wanted wear;

显得更诱人, 更美丽;

Though as for that the passing there

虽然在这两条小路上,

Had worn them really about the same.

很少留下旅人的足迹。

And both that morning equally lay

虽然那天清晨落叶满地,

In leaves no step had trodden back.

两条路都未经脚印污染。

Oh, I kept the first for another day!

啊, 留下一条路等改日再见!

Yet knowing how way leads on to way,

但我知道路径延绵无尽头，

I doubted if I should ever come back.

恐怕我难以再回返。

I shall be telling this with a sigh

也许多少年后在某个地方，

Somewhere ages and ages hence：

我将轻声叹息将往事回顾：

Two roads diverged in a wood, and I—

一片树林里分出两条路——

I took the one less traveled by,

而我选择了人迹更少的一条，

And that has made all the difference.

从此决定了我一生的道路。

　　孔子教导我们说，人生要"克己复礼"；苏格拉底认为："我们每个人要想幸福，就必须要追求节制和实行节制"；柏拉图认为四种基本德行是：智慧、勇气、正义和节制；马克斯·韦伯认为，人类社会的历史，就是一个理性取代非理性、祛除巫魅的过程。或许他们都错了，但是我们愿意相信他们。

　　我们，选择的是茶中道，这里有仙、有禅、有礼、有乐，洁净精微，俭、净、敬、和。

第二茶中仙

茶中自然有仙道。

所谓仙道，很多人认为，它当然是狂迷的愚昧，仙跟酒才是天生的一对。虚无缥缈之仙道，遗传了道教基因，或许未必反理性，但一定本质上非理性，仙与茶的邂逅，不过是美丽的错误。

路德维希·维特根斯坦（1889—1951），出生于奥地利，后入英国籍。哲学家、数理逻辑学家。语言哲学的奠基人，20世纪最有影响力的哲学家之一。

仙道确实遗传了道教的部分基因，这是不错的。问题是，道教的基因是酒性还是茶性？甚而更深层地问：宗教究竟是酒性还是茶性？

宗教作为人类文明众多内容的重要组成部分，要了解它，有必要了解哲学家维特根斯坦提出的"家族相似"概念，维特根斯坦不愿意用下定义的形式逻辑认识方法来对世界进行描述。

我想不出比"家族相似性"更好的表达式来刻画这种相似关系：因为一个家族的成员之间的各种各样的相似之处：体形、相貌、眼睛的颜色、步姿、性情等等。（维特根斯坦《哲学研究》）

家族成员之间的这些相似之处，让人们知道他们是一个家族，并且冠以同样的姓。然而，是不是家族的所有成员都具有某一种共同的特征呢？维特根斯坦认为，如果用实际观察的方法来对比，我们将不大可能在几代人中间找到一个人人都具有的特点。这就是"家族"的特征。文明也是这样，文明中的一个大家族，各个成员之间有着各种各样的相似之处，但却没有一个共同都具备的统一特征。

宗教作为林中路中的一个大类"家族"，情况恰恰如此。自从麦克斯·缪勒 1873 年发表《宗教学导论》建立起"宗教学"以来，宗教学学术界至今还没有对"什么是宗教"这个问题取得完全一致的意见。随着人们对世界各地各个民族的了解的深入，人们发现了各种各样的宗教：如果说宗教信仰的都是神，那么例外是，至少流行于东南亚的部派佛教信仰中的佛陀是人而不是神；如果说宗教都是依赖信仰，那么例外是，起源于印度的许多宗教都强调智慧解脱而不是依靠信仰；如果说宗教就是追求来世，那么例外是，中国道教中的某个派别追求的是现世长生不老。

缪勒（1823—1900），德裔英国语言学家、宗教学创始人、牛津大学教授。他主持编辑 50 卷《东方圣书》，翻译梵语和东方古典文献多种，著有《宗教学导论》《宗教的起源与发展》《语言科学讲话》《印欧语言比较语文学稿》《语言和文学论丛》等。

除了宗教这个大家族，科学也是一个大家族。科学的门类林林总总，各个不同。我们应当感恩科学精神的昌明，事实上，从 19 世纪以来，科学精神才越来越深入人类生活的方方面面，让人们有机会冷静审视林中路的种种情况。

还需注意的是：文明的状态并不是有史以来就这样的。从科学时代向前推，是宗教主导世间的时代。再向前推，在孔子之前，在泰勒斯（前624—前547或前546），古希腊时期思想家，被看作希腊哲学开创者。据说苏格拉底曾向巴门尼德（前515—？）求学，他是前苏格拉底哲学家中最有代表性的人物之一。苏格拉底（前469—前399），是确立古希腊哲学根本道路的哲学家，他与弟子柏拉图、柏拉图的学生亚里士多德，并称"古希腊三贤"。

释迦牟尼之前，在泰勒斯、巴门尼德、苏格拉底之前，在我们已经遗忘的古老记忆里，文明的主流状态，则是巫术，这也曾经是一个庞大的家族。

巫术、宗教和科学，这是我们看到的三个大家族。如果站在汤因比"文明等价"的立场上看，这三大家族中的条条林中路，都是既有酒中道，又有茶中道。

按照彼得·贝格尔的看法，社会文明是人类因自身生理结构自然建造起来的，天生都是不稳定的，支持正在晃动的社会文明秩序之大厦的，是**合理化**的过程。"合理化是指用来解释和证明社会秩序合理的在社会中客观化了的'知识'。换言之，合理化论证是要回答任何一种关于制度安排之原因的问题。"（《神圣的帷幕》）合理化论证不但告诫人们应该怎么样，而且通常仅仅提示实际是什么。在人类建造世界的活动中，宗教曾经起到了一种战略性的作用。

宗教意味着最大限度地达到人的自我外在化，最大限度地达到人向实在输入他自己的意义之目的。宗教意味着把人类秩序投射进了存在之整体。换言之，宗教是把整个宇宙设想为对人来说具有意义的大胆尝试。（《神圣的帷幕》）

这种尝试，将人类生活中的全部内容都进行了合理化的探索，"宗教一直是历史上流传最广、最为有效的合理化工具"。宗教对社会的每一个领域都做出了合理化解释，这就是韦伯在《经济与社会》中讨论过的宗教的"神正论"功能。

所谓"神正论"，源于人生必然会碰到苦难、罪恶和最重要的死亡等各种无秩序现象。个人面对疾病、激烈情感骚动、死亡，社会人类集体面临自然灾害、战争或者社会动荡，这些现象，会反复侵入个人和集体的体验，让世界上的每一件事都变成了可疑的、最终是不真实的。这些经历不可能当作没有发生，必须得到合理的解释，这样生活才能够继续，生命才能够继续，所谓回复日常生活。一切社会秩序，需要合理化论证，让个人能够做到：

> 他将"正确"地看待自己，即能在由他的社会界定的实在之坐标内看待自己。他能够"正当地"去受苦，如果一切正常的话，他最后还可以"正当地"去死（或如我们通常说的有"好死"）。换句话说，他能够按其社会赋予意义的法则"失掉自己"。（《神圣的帷幕》）

宗教正是在这个社会学需求的基础之上建立起自己的大厦，它能够根据全面的宇宙观前后一致地解释世界的全部。

人类对意义的渴求是一种本能，必然追求建造意义和秩序，只不过"宗教是用神圣的方式来秩序化的"，宗教所设定的宇宙既超越于人，又包含着人。宗教把人的生命以及边缘情境、无秩序、死亡，综合安置在终极的、普遍的、神圣的、具有终极意义的秩序中。

> 每一个人类社会，最终都是被捆绑在一起面对死亡的人群。宗教的力量所依靠的，说到底，是它交给站在死亡面前，更准确些说，是它交给不可避免地走向死亡的人们手中的旗帜的可靠性。（《神圣的帷幕》）

宗教的解释无论怎样复杂或者简单，都必然是合理化的，必然包括理性的成分。比如佛教，就达到了最为彻底的理性化。在原始佛教中，神灵和恶魔，神话中的整个宇宙，印度宗教幻想的万千世界，所有一切都消失了，剩下的只有人，在对存在基本规律基础上理性地解脱。

因此，面对宗教，我们正确的态度当然不能采纳世俗中的传言。我们务必通过分析了解它是归属茶性还是归属酒性。对待道教也当然需要这样。

对道教基因情况最了解的当然还是护林人。但是需要强调的是，在当代，西方道教研究者的理解要比其他护林人深刻得多——虽然，这种理解认真的集体努力仅仅开始于 1950 年；虽然，西方的许多研究是建立在日本人的重要研究成果之上的；虽然，西方与日本道教研究的重要文献基础是中国人陈国符先生的杰作《道藏源流考》。

陈国符（1914—2000），工业化学家和教育家。他长期致力于《道藏》研究，开辟了《道藏》研究这一新的学术领域和对《道藏》的目录学及《道藏》中国外丹黄白术（即中国炼丹术）史料的基础研究。

道教的价值在中国知识阶层当中一直是被低估的。而且，很多人没有能力区别道教和民间迷信的不同，对道教所谓了解的学者，则把道教看作是佛教中国化过程中的赝品，很多当代的中国学者都仍然坚持着亨利·马伯乐早已纠正的错误，他们似乎完全没有意识到，在佛教进入中国的最初几百年间，教徒所使用的中国佛教语汇，是从道教那里借用的。事实上，没有道教的基础，根本就谈不上佛教中国化的过程（当然，也没必要过分评价道教对早期中国佛教的影响，毕竟那时候道教本身也处在萌芽期，这里只是想更多地强调人们对道教的不了解）。

面对道教，中国学者大多仍然以文献学研究方法为主开展工作。比起这种情况，日本和西方学者则要有优势得多，他们不但拥有人类学、社会学、宗教学的多重手段，而且，他们的工作是如此努力，以至于出现施博尔这样的杰出学者。施博尔中文名施舟人，康德谟和石泰安的弟子，通晓八种语言，是欧洲三大汉学家之一。他曾赴中国台湾做关于道教的田野调查，拜台南道士陈荣盛为师，皈依道教，真真正正做起了道士，法名"鼎清"，研究台湾南部灵宝清微宗科仪、制度，成为可以实实在在主持道教仪式的道教高功。中国自己的学者，能做到这样的，有几个呢？

亨利·马伯乐（1883—1945），著名汉学家，为法国的道教研究奠定了基础。其著作《道教和中国宗教》被《不列颠百科全书》称为"关于道教的最优秀的先驱者的著作""西方权威著作"。日本京都大学著名学者川胜义雄曾经评价马伯乐"是通晓欧亚，唯一独立探索道教的历史及其道术的内部体系的人"。马伯乐称道教是"世界上最奇妙的宗教之一"，其研究观点为后来的法国研究家们所继承。他杰出的弟子有康德谟和石泰安等。

伊莎贝拉·奥比奈，普鲁旺斯大学教授，专攻道教思想。她系统阐述比较过严遵、河上公、王弼、梁武帝、周弘正、成玄英对《道德经》的研究。其巨著《道教历史上的上清派的革命》，对茅山上清派历史、人物和经典作了详尽的研究。

对待道教的傲慢与偏见是如此众多，各种误解与离奇，多不胜数。这里最值得一说的就是关于"道家与道教"。中国、日本的学者和西方的汉学家，往往将所谓道家与道教的书籍严格区分开来。这种区分，事实上是与历史的真实不相容的。

"道教"这个词，首次出现在《墨子·非儒下》中，而且，这个词所指的是儒家门徒。更复杂的情况还没有完。六朝的时候，"道家"是道教术士的称谓，"道人"则是佛教僧侣的称谓。在现代学术之前，"道教"从来不用于区别道教的哲学和道教的宗教，它所指的，是一个道教的传统，这种传统，不同于儒家的传统，不同于佛教的传统，"道教"这个词，既包括种种宗教内容，也包括思想源泉：老庄思想。经过马伯乐、奥比奈、施博尔的研究，已经让我们可以清楚地了解到，《庄子》的精神"以一种普及而又十分深刻的形式存在于《道藏》的大多数神圣典籍之中"（安娜·塞德尔《西方道教研究史》）。

现代意义上简单地把道教和道家对立的两分法，根本就是一个错误。

老子、庄子等道家思想家先于道教的正式出现，这是一个不争的历史事实；同样的，道家的思想被道教最充分地继承与发挥，道教和道家密不可分，这也是不争的文化事实。尽管魏晋玄学也是依据老庄展开发挥，尽管宋明理学引入了大量的老庄，然而，离开道家谈道教以及离开道教谈道家，都是不合适的。

二

对历史上道家和道教价值的评价，需要我们综合地进行。其中，李约瑟的观点无法回避。

李约瑟先生从 20 世纪 50 年代起花费近 40 年心血撰著的多卷本《中国之科学与文明》(中译本名为《中国科学技术史》)，全书原拟出 7 册，后来计划出版 20 册，最终达到 34 分册。李约瑟不仅详细说明了中国科学技术的世界史意义，而且在前无古人的领域里全面介绍了道教在世界科技发展中理当占据的历史地位。

必须指出的是，由于这样的或那样的原因，道家思想曾几乎完全被大多数欧洲翻译者和作家误解了。道家被人们忽视，道家方术被视为迷信而被一笔勾销，道家哲学被说成是纯粹的宗教神秘主义和宗教诗歌。道家思想中属于科学和"原始"科学的一面，在很大程度上被忽视了，而道教的政治地位则

李约瑟（1900—1995），英国著名科学家、英国皇家学会会员（FRS）、英国学术院院士（FBA）、剑桥大学教授、中国科技史大师及中国人民的老朋友，当代杰出的人文主义者。李约瑟以浩瀚的史料、确凿的证据向世界表明：在现代科学技术登场前十多个世纪，中国在科技和知识方面的积累远胜于西方。李约瑟一生著作等身，被誉为"20 世纪的伟大学者""百科全书式的人物"。

《中国科学技术史》
中与道教有密切关
系的有第2卷《科
学思想史》(1956)、
第3卷《数 学 与
天、地科学》中的
地科学部分、第4
卷《物理学和物理
技术》中的第1分册
《物理学》、第5卷
《化学与化学工业》
的第5分册《炼金术
上的发现和发明·生
理学的炼金术》、第
6卷《生物学和生物
技术》的第1分册
《植物学》。

更是这样。谁也不想否认，古代道家思想中具有强烈的宗教神秘主义的成分，而道家的最重要的思想都处在历史上最出色的作家和诗人之列。但是，道家不仅退出了封建诸侯的宫廷，在那里儒家的人道主义说教与法家的专制政体的辩护进行着斗争，而且还对整个封建制度展开了尖锐而激烈的抨击。为弄清他们抨击的确切内容，我将在下面加以阐明。但这种强烈的反封建特点，却为西方的以至大多数中国道家思想注释家所忽视。这里，还有另一条理由说明道家哲学和方术的结合，因为如前所说，萨满教的一些代表人物同古代大多数民间习俗有密切的联系。而对那种更为理性的对于天和上帝的崇拜则具有几分敌意。说道家思想是宗教的和诗人的，诚然不错；但是它至少也同样强烈地是方术的、科学的、民主的，并且在政治上是革命的。(李约瑟《中国科学技术史》)

人们，尤其是中国的某些文化学者，经常讥讽道教的巫术化倾向，然而，他们在讥讽的时候，是否意识到，这正证明自己的浅薄呢？

中国古代这两种不同的成分（注：指战国时期的道家

哲学思想，以及古代萨满和术士）能因此完全地结合而形成后来的道教，乍看起来也许是难以理解的，但实际上并不困难。科学和方术在早期是不分的。道家哲学家由于强调自然界，在适当的时候就必然要从单纯的观察转移到实验上来。后面，我们将研究在炼丹术这一纯道家的原始科学的历史中的初始情况。而且医学和药物学的开端也都和道家思想有密切联系。不过，当观察一旦转移到实验（其实这不过是改变了条件并再进行观察），这就迈出了决定性的一步，使它跳出了封建贵族哲学以及后来的官僚学者的狭窄的文化圈子，因为实验必须包含有手工操作。这样，人们就无从区分道家哲学家（他们以老子和庄子的高度抽象观念为基础，却又烧炉炼丹并通过沉思阴阳五行的作用以求得内心的和平）和道教方士（他们是为了控制神龙而书写咒文或从事礼拜仪式）了。方士和早期的科学家一样，都坚信可能通过手工操作来掌握大自然，世界就这样分为相信这种观点的神秘操作家和不相信这种观点的理性主义者。区分方术和科学，只有到了人类社会历史的较晚时期才有可能，因为这有赖于把试验条件充分坚持下去，并对实验抱充分的怀疑态度，坚定地注意各种操作的真实效果。甚至英国皇家学会在早期也难以区分科学和现在应该叫作魔术的东西。在 16 世纪，科学一般被称作"最后的一位魔术师"。的确，科学和魔术的分化，是 17 世纪早期现代科学技术诞生以后的事——而事实上这一点却是中国文化所从未独立达到过的。以上种种考虑可以

帮助我们了解道家哲学家是怎样和巫术合流而形成道"教"的。（李约瑟《中国科学技术史》）

当然，许多不同意李约瑟观点的人士讥讽李约瑟之所以对道教给予这么高的评价，是因为他存在着过分的"道教情结"。然而，这些酸葡萄论者，有多少人是在认认真真阅读《中国科学技术史》（至少是阅读相关部分）之后作出这种评判的呢？

"当代新道家"概念的提出者董光璧先生认为：李约瑟之所以对道教予以高度的评价，源于他研究中国科学技术史的初衷——通过中国科学技术史研究理解中国人的世界观，借此阐明李约瑟自己有关世界科学发展的思想。

李约瑟真正关注的是：究竟怎样消弭科学与人文的对立？

1959 年 5 月，C.P. 斯诺在剑桥大学的评议堂发表了《两种文化与科学革命》的演讲。他提出：知识分子是两极的，一极是文学知识分子，另一极是科学家，他们之间的鸿沟越来越深。一个文学知识分子根本不知道热力学第二定律是什么，但科学革命将给这个世界带来巨大的变化，能让那些贫穷的地方逐渐富裕起来。20 世纪的学术文化已经形成两个壁垒森严的世界：一个是"人文的"，另一个是"科学的"。

斯诺曾是一名科学家，还是一名小说家，后来"又成了一名身份难以确定的公众人物，有资格对无论什么问题发表他的见解"。这是 1962 年剑桥大学教授、文学学者法兰克·雷蒙德·利维斯退休前的《里士满演讲》对斯诺予以的全方位蔑视："他在智力上并不出类拔萃"，他的演讲"所展示的恰恰是智力特色的全然缺乏和令人窘迫的粗俗风格";"作为小说家他并不存在，他还没有开始存在，他不能被认为懂得小说是什么。他写下的每一页都等于白纸，空洞无物"。

无论利维斯是否正确，问题是，斯诺提出来的问题，任何一个有头脑的观察家都不能回避，他引发了一场旷日持久的争论。直至今日这个问题仍然不断从东方到西方来回地游荡，挥之不去。

事实上，早在人们关注到这个问题之前的很久，思想界就开始了对这个问题的争论，它被20世纪的德国哲学家卡西勒称之为"卢梭问题"：科学和技术使人堕落。好奇心被视为原罪，科学知识的增长让人类惧怕，伽利略式的痛苦在后继者那里仍然存在，新的布鲁诺命运难测，青年们以保护动物为名反对甚至杀害解剖动物的生物学家。

F.R.利维斯（1895—1978），英国文学剑桥派批评家之一。历任英国一些大学客座教授、美国艺术和科学学会名誉会员、《细绎》评论季刊主要创办人和编辑。利维斯认为商业和科技的发展削弱了文化的健康发展，应通过文学培养人在智力和道德方面高度敏感的感受力，来抵制低劣的"大众"文明。他要求文学必须有道德价值，必须促进社会的健康。利维斯一生的评论和教学活动基本上围绕这一中心思想，在西方很有影响。

科学与人文的对立，是注定无法消解的吗？

无论如何，我们无法回避这个问题。因为，无可否认的事实是：科学，已经先于一切西方或者东方的政治力量、经济力量、军事力量，先一步抢占了世界文化的高地，先一步统一了全球知识体系的主脉，先一步统治了人类的思想意识主流。

我们可能无视科学的证明而空谈人生吗？

我们可能无视科学的影响而处理人生吗？

我们可能无视科学的理论而挑战人生吗？

我们每个人的人生只有一次。面对人生必然死亡的终结命运，或许我们确实只是堂吉诃德，我们对命运的挑战，真的只是面对风车，在做无谓的努力。然而，就算这样，作为堂吉诃德的我们，眼中看到的，是巨人，不是风车。在我们的面前，真实的运命就在眼前，那林中的小路，曲折向前，通向远方的林外广阔的世界，那路的前方，有着就算无数苦难也无法遮盖的珍宝——希望。

对待科学，简单的抨击于事无补。事实上，社会中那些貌似源于科学的灾难实非科学的过错，而是人类运用不当、人性的不足、人文的缺位。

我们是活生生的人，求道之心让我们无法不拥有人文关怀的情感，我们不可能做到纯粹地站在物理学立场，仅仅把自己与周围的人们看作电子。同样的，我们也不应该太人文。李约瑟在《中国人对科学人文主义的贡献》中谈到儒家时说："儒家思想太人文主义，虽然人文主义者是科学的。它一直对人类社会之外的世界没有兴趣。它妨碍这样的兴趣。"在这个时代，仅仅将眼光局限在人类社会之内看问题，太可悲。

我们既要关怀人类社会的问题，又要充分借助科学的力量而不局限，这种态度怎样把握？

李约瑟推荐了道教的精神：

> 道家极端独特又有趣地糅合了哲学与宗教，以及原始的科学与魔术。要了解中国的科学与技术，这是极为重要

的。道教曾被称誉为笔者记得冯友兰博士在成都亲口说的"世界上唯一不强烈反对科学的神秘主义"。(李约瑟《中国科学技术史》)

李约瑟赞赏朦胧的老子和光辉而可爱的庄子,他们对"太人文"的伟大反叛,是道教的重要来源:

他们追求的是自然之道而不是社会之道,因此他们不求在封建帝王的朝廷供职,而是隐居山野,冥想自然的规律,观察那无穷的自然现象。……从儒家的观点看来,他们未免不负责任,但提倡天道自然的哲学家,可以说衷心地感到虽在冥冥中觉得很对,但绝不能用语言完全表达出来。要入世必先出世,欲治理人类社会,必先超越人类社会,而对自然宇宙有一高深的认识和了解,否则即使有儒家救世的热诚,也是枉然。道家攻击"知识",但他们所反对的乃是儒家所追求的封建社会阶级与礼法的学术性的知识,并非参天地化育的真知识,儒家的知识是阳性的有为的;道家摒弃这种知识,他们主张以阴柔含容的、被动退让的态度去追求自然之道。(李约瑟《中国科学技术史》)

李约瑟难题是一个两段式的表述。难题第一段是:为什么在公元前1世纪到公元16世纪之间,古代中国人在科学和技术方面的发达程度远远超过同时期的欧洲?中国的政教分离、选拔制度、私塾教育和诸子百家为何没有在同期的欧洲产生?难题第二段是:为什么近代科学没有产生在中国,而是在17世纪的西方,特别是文艺复兴之后的欧洲?

在道教眼中，道教才是关注人类终极利益的，而且，他们并不被热情与欲望冲昏了头脑。早在 1941 年，李约瑟在《自由世界》上发表的《中国人对科学人文主义的贡献》一文指出："由于渴望人类的最终利益，他们对任何直接的议案都不感兴趣，因为他们感到，无论非常爱管闲事的儒家如何一再地唠叨，在人类对其生活于其中的巨大世界获得某种理解之前，人类社会决不会变得更好。"在李约瑟看来，科学与人文的对立，在道教中是没有的，这正是他追求的世界科学所应当学习的状态。

当然了，在历史上道教遭遇了"李约瑟难题"，被马伯乐称作"世界上最奇妙的宗教之一"的道教并没有孕育出近代科学。但是，道教追求人文与科学融会贯通的精神，无论如何，道教是欢愉的、经验的、理性的，尽管它是充满激情的理性，但它是理性的。道教是茶性的道路，不是酒性的道路。

仙道遗传了道教的基因，自然也是茶中之道。我们需要考虑的问题是：仙道有什么地方值得我们了解和关注呢？

三

李约瑟说："中国如果没有道家与道教，就像大树没有根一样。"李约瑟认为道教有两个来源：第一个来源是春秋战国时的哲学家（老庄等），第二个来源是古代的萨满（即巫）和方士，也就是所谓的巫和方仙道。卿希泰先生的观点总体与此一致，不过论述得更加细致。任继愈先生认为除这两个方面以外，还有儒学与五行思想，以及古代医学与体育卫生知识，并总体分五个方面加以论述。

我们看到，无论学界的具体讨论细节上如何不一致，在整体的看法上是完全一致的：道教的内涵极其丰富。

事实上，很难对道教的思想进行全面的概括，历史上的很多努力结果都是挂一漏万，即使道教内部也是如此，例如唐代的《道教义枢》。王宗昱先生认为它既不完整也不充实：

> 它的不完整在于它缺少许多道教教义体系的重要内容和环节。它的不充实在于它用道教经典的叙述代替了道教经戒体系乃至修道方法的丰富内容，显得单薄而且抽象。
>
> （王宗昱《〈道教义枢〉研究》）

在历史的长河中，道教在不断生长，不断新陈代谢，不断更新，事实上，并没有公认的权威可以全面地将道教的内涵说透彻。只追求对道教一鳞半爪的掌握，或许更加现实。我们可以从道教的近代变化那里尝试得到一些启示。

近代的道教发生了一个非常有意思的变化：陈撄宁先生大力提倡仙学独立。

陈撄宁率先提出"仙学"，但他提倡的仙学是一种贯通三元丹法的丹道学，其重点是内丹养生学。陈撄宁的仙学区别于古代的神仙学，又区别于儒、释、道三家，其根本在于仙学讲"长生"，讲"我命在我不在天"，仙学是可以改造人生命存在状态的养生学，可以补救人生的缺憾。仙学不是宗教信仰，而是性命双修的内丹养生学。陈撄宁自述道：

> 余本不反对儒释道三教之宗旨，但不愿听任神仙学术
> 埋没于彼三教之内，失其独立之资格，终至受彼等教义之
> 束缚而不能自由发展，以故处处将其界限划分明白，俾我
> 中华特产卓绝千古的神仙学术，不至遭陋儒之毁谤、凡僧
> 之藐视、羽流之滥冒、方士之作伪、乩坛之乱真。（转引自
> 胡海牙、蒲团子《陈撄宁仙学大义》）

在陈撄宁看来，仙学之术是中华民族自古相传的，不是宗教，不是迷信，更不是专讲心性的功夫。它是一门具体的科学。是科学，我们就需要有科学的态度和责任感，以实事求是的姿态来分析、试验，实修实证。

陈撄宁曾师从严复，早年就受到过进化论思想的影响，加上他本身又接受过西学教育，接受过洋务派先进思潮的影响，胸襟博大、视野开阔，所以他特具卓识眼光，主张仙学应顺时而化。他声称要用革命的方法弘扬仙道，引入近代科学精神，将仙学与人体探秘及中医结合起来，试图将仙学纳入科学轨道。他的仙学有一个显著特点，就是特重实证实修的务实精神，与玄学有明显区别："仙学乃实人、实物、实情、实事、实修、实证，与彼专讲玄理之事不

同。"在他看来，仙道不过是用科学方法改变常人生理，因此他的学术是实验的而非空谈的。

如果说，李约瑟是站在道教之外西方学术的立场上揭示了道教的"茶之性"，那么，陈撄宁就是站在道教内部实践的立场上追寻道教的科学化，直接展示了道教蕴含的"茶之性"。

这两位先生对道教的探索成果中，共通的地方是什么？

我们可以看到，无论李约瑟还是陈撄宁，最重视道教的原因在于：重人贵生——面对生命，面对自我，"道教是一种以生为乐，重生恶死，甚而追求长生不死的宗教"（李养正《道教概说》），道教坚持不懈的努力，或许在过程中幼稚蹒跚甚至结果上荒诞无稽，但是在行动与方向上，它从来不放弃实事求是。

重人贵生的思想，是道家、道教学说中最重要的思想。道教的宗教理想是修道成仙，长生不死，重视"生"的问题理所当然：

> 从《老子》所强调的"摄生""贵生""自爱"和"长生久视"，《庄子》所说的"保生""全生""尽年""尊生"，《吕氏春秋》所说的"贵生重己"，到《太平经》主张的"乐生""重生"，以及其他的道书如《老子想尔注》《老子河上公章句》《周易参同契》《抱朴子内篇》《西升经》《度人经》《悟真篇》等，始终贯穿着重人贵生的思想传统。（张继禹、李远国《道教重人贵生的理念》）

重视生命并不稀奇，儒家"不知生，焉知死"的人文关怀尤甚，道教不同于儒家的地方并不是没有人文关怀，这种不同在于，道教不仅对人类关心，而且他们认为，这种关心务必要建立在对全世界的正确理解与掌握之上。

庄子的北冥有鱼化而为鹏，以及五代谭峭的"蛇化为龟，雀化为蛤""老枫化为羽人，朽麦化为蝴蝶""贤女化为贞石，山蚯化为百合"（《化书·道化篇》），现在看来，似乎仅仅是作者瑰丽的文学想象，然而，如果当我们了解到下文描述的西方早期科学家的观念，又会做何感想呢：

> 我们认为生物是通过繁殖产生的，但我们的祖先则认为，生物是通过某种生成法则自发生成的……卡迪纳尔·彼得罗·达米亚尼提出，鸟是从水果中产生出来的，鸭子是从海里的贝壳中产生出来的。英国学者亚历山大·尼卡姆（1157—1217）则详细指出，冷杉暴露在海盐中，之后产生鹅。佛兰芒人的炼金术士和医师让·巴蒂斯特·范海尔蒙特（1580—1644）也持这样的观点，他认为，肮脏的内衣中能够演变出老鼠。……牛顿甚至认为，植物可能是从彗尾的闪光中产生出来的。（林恩·马古利斯、多里昂·萨根《我是谁：闻所未闻的生命故事》）

历史上道家与道教提出的观念，恰如西方科学史上后代科学家对前辈的纠正一样，前辈们的错误，开启了后人的正确，后人的错误，也必将被他们的后人所纠正。现代西方科学界之所以硕果累累，并不是因为前人故意留有破绽，而是每一代人都坚持最全面地真实理解整个世界、整个自然界、整个人类社会，这种精神，道教并不缺少。

科学史家应当特别留意他的对象的明显错误，不是因为错误本身而是因为这些错误揭示了更多的实际思想，而不只是给出科学家如何记录下现代科学依然保留的那些结论和论据。（美国学者库恩的观点，引自吴国盛编《科学思想史指南》）

李约瑟对此也有类似的意见。他认为，把道家学者的看法和欧洲文艺复兴时类似的思想相此，就能理解它的重要。

在现代科学中，理性和实验间的关系似乎很明显，但在以前却并非如此。……伪哲学出自人的知识的傲慢，这是由人的始祖遗传下来的，所得的惩罚则是失去了对自然界的统治。这是何等强烈地响应了庄子对儒家的攻击，儒家事实上比亚里士多德学派更糟，因为他们的理性主义只限于人类社会，甚至不承认自然世界值得进行理论研究。（李约瑟《中国科学技术史》）

道教有着自己的世界观：道，是生育天地的本原，是生生成成的规律，是一阴一阳的应用，是接引凡俗的途径，是变化无穷的太

上老君，"宇宙一切皆由'道'所创造和主宰，这便是道教最根本的信仰"。（李养正《道教概说》）

"道生一，一生二，二生三，三生万物。"天地山川，乃至遍布山川空间的禽兽鱼虫，它们的生命都是大自然的杰作，都是大道至德的显现。道在天地，道在蝼蚁，道在稊稗，道在屎溺（《庄子》）。

> 从这里，我们再一次得出那种严格的仅仅为科学所特有的观点，即没有任何事物是在科学探索领域之外的，不论它是多么讨厌、多么不愉快或多么琐碎。这的确是一条非常重要的原则，因为道家在走向最后有可能导致现代科学的方向中，他们必将对一切为古往今来所有儒家所极端鄙视的事物都发生兴趣——诸如那些似乎毫无价值的矿物、野生动植物、人体各部分及其排泄物等等。某种与此相似的想法，也许包含在经常出现于道家著作的另一术语中，即圣人必须毫无私心、毫无偏爱地"遍覆万物"。（李约瑟《中国科学技术史》）

所有的人，所有的生物，所有的山川河流，都在一个共同的天地之中相互连接、相互协同进化着。自然界好比大海，其中包含着亿万的变化，从本质上讲，鳄和鱼以及它们生活于其中的水，皆属同一个生命体（《关尹子》）。人和万物都一起处在这个巨大的变化不息的宇宙中，人的本性和其他一切自然事物是同一的。

生命是神圣的，任何生命，孕育、诞生、生长及至死亡，始终神圣。非生命的万事万物，同样如此。

因此，我们的心，需要始终怀着对生命的敬畏与热爱，以平等的眼光看待万物，以慈悲的心情去善待生命："夫我有三宝，持而保之：一曰慈，二曰俭，三曰不敢为天下先。"

正是基于以上的观念，道生万事万物，那么，人，个体人，他的出生、生命、生存，也同样是道的表现，因此，人的生命并不决定于天命，"我命在我，不属天地"（《西升经·我命章第二十六》），"我命在我不在天"（葛洪《抱朴子内篇》）。道与生命，二而一，一而二，须臾不离，这也是道教的基本教义（李养正《道教概说》）。

> 道不可见，因生以明之；生不可常，用道以守之。若生亡则道废，道废则生亡。生道合一，则长生不死。（《云笈七笺》）

当然了，作为宗教之一的道教，它与科学的关系，许多人也有很多不同的意见。重要的是，人心必然是求道之心，它是我们的运命。在我们走上求道之路之时，我们可不可以始终怀着敬畏与热爱，以平等的心情、慈悲的心情看待万事万物、生命生灵？而且，可不可以始终不放弃对自我的重视，始终在慈悲平等对待万事万物中追求

对宗教与科学上的关系有三类意见：对立论、相关论、分离论。对立论持有者认为宗教与科学本质上截然对立，冲突和矛盾不可调和。相关论认为宗教与科学并非截然对立，一大批来自科学阵营的科学巨匠支持这类观点，譬如：波义耳、帕斯卡、牛顿、麦克斯韦、卢瑟福、爱因斯坦。分离论持有者强调宗教与科学各有特性或不同领域，二者应当区别开来或分而治之，这种解释在当代人文研究中比较流行，支持者包括实证主义、存在主义、新正统神学、日常语言哲学等。

与道合一？这应当是茶之道中我们生命的基本态度。

> 人生不像是铁路上的旅行，是为了达到某一预定的目的地的手段，而是像一次穿过美丽的森林的漫游，从漫游本身即可得到享受。我们享受着肌肉活动的快乐，享受着林荫小道、潺潺流水、鸟鸣虫啼、花儿吐蕊、艳阳高照、密密浓荫、头上碧空如洗、脚下青苔欲滴的快乐。我们可能要攀登山丘，使我们付出汗水和劳累，我们可能要穿越荆棘，使我们撕破皮肉，我们的嘴唇可能因干渴而焦裂，我们的空腹可能因饥饿而痛苦，一路上我们可能有许多小小的失望和烦恼，但是这次漫游，整个来说并不是失望和空虚。人生也是这样，人生有它的光明和阴影，有它的欢乐和悲哀，有它的胜利和失败。（梯利《伦理学概论》）

怀着一颗敬畏的心，步入茶中之道，等待我们的，会如何呢？

一

　　茶中的禅之道，也是来源于宗教——佛教。

　　正如讨论仙道不能离开道教，说到禅就不可能不说佛教。但是，禅定并不是佛教的发明。禅，原出自《奥义书》，为印度教术语，为"六支瑜伽"的第三支、"八支瑜伽"的第七支，是修习瑜伽的高级阶段，后为佛教所吸收，为"三无漏学"与"六度"之一。

　　　　禅定和印度历史上的瑜伽修行有很大关联。也可以说，佛教的禅定是在瑜伽修行的基础上形成的。最早的瑜伽修行在佛教产生前的印度就已存在很长时间了。据考古发掘证明，瑜伽在印度最早的文明——印度河文明时期就存在。……印度许多古老的文献典籍，如奥义书、史诗《摩诃婆罗多》等中都提到过瑜伽等与禅定相关的内容。（姚卫群《佛教入门：历史与教义》）

　　当然，随着佛教禅定思想的形成，它也反过来开始影响印度教包括尊奉《瑜伽经》瑜伽派在内的其他派别，形成了很难说哪个是源哪个是流的相互影响的格局。

"禅"一词的梵语原文为"dhyāna",古印度俗语的原文为"jhāna",音译简化为禅,全译是"禅那";意译,早期是思惟修,后来是静虑,也可既音又义,称为禅定(张中行《禅外说禅》)。在汉文中把"禅"和"定"两个字合用,是因为"定"有时候确是上述"禅"的原文意译,然而,多数情况是"定"另有一个梵语原文"samādhi"。《大智度论》认为:

> 一切禅定亦名定,亦名三昧。四禅亦名禅,亦名定,亦名三昧。除四禅诸余定亦名定,亦名三昧,不名为禅。

据此来看,禅可以称为定,定却不一定都能称为禅。

不过在一般情况下,二者多混用,比如在中国发展起来的禅宗,其核心经典《六祖坛经》中就是这种相对混用的典型:

> 何名禅定?外离相为禅,内不乱为定。外若著相,内心即乱;外若离相,心即不乱。本性自净自定,只为见境思境即乱;若见诸境心不乱者,是真定也。善知识!外离相即禅,内不乱即定,外禅内定,是为禅定。

从这段话看,"禅"与"定"虽侧重点有所不同,但却紧密相关,很难严格区分。一般情况下,二者多混用,是一体的两面。

这种观点事实上极大丰富了禅的内涵。因为"禅"最初是作为一种修持方法引入佛教的，使用它追求真理或者借以达到最高境界。在佛教产生之初，禅定观念就是佛教思想的重要组成部分，八正道的"正定"、四禅理论、三解脱门、四无量心等，说的就是这方面内容。

佛教的修行有三个方面：对人身体行为的特定约束，对人精神状态的严格控制，对人认识的正确引导，即"戒、定、慧"三学。其中，佛教产生后提出的关于禅定的思想，逐渐形成三学中的定学。

佛教所要求禅定的精神控制方向，严格来说是达到事物的实相，而不是事物本身，因此：

八正道是佛弟子修行的八项内容：正见、正思维、正语、正业、正命、正精进、正念、正定。
四禅是禅定的四层境界：初禅、二禅、三禅、四禅。
三解脱门是通往解脱之道的三种法门：空、无相、无愿。
四无量心，指四种广大的利他心。即慈、悲、喜、舍四种心，或入慈、悲、喜、舍四种禅观。

> 在印度佛教中，禅定思想的一个发展趋势是注重与佛教的其他观念密切结合，特别是把禅定对事物的实相或最高实在的体悟结合起来，并且把这种体悟看成是最高层次的禅定境界。（姚卫群《佛教入门：历史与教义》）

这个禅与佛教观念不断结合的趋势，并没有在印度佛教中形成一个专门弘扬禅定内容的流派和宗派，然而，在佛教传入中国后，情况发生了变化。

佛教传入中国后，一开始并没有立即形成一个独立的佛教宗派，其实，禅，是佛教内部各宗各派的共法，西方学者对这一点的研究非常充分。小乘禅法传来中国较早，从汉代西域安世高翻译佛典就已开始，禅法的传承，从安世高到三国康僧会再到两晋释道安的脉络还是相当明确的。随着鸠摩罗什到关中重新传授禅法，禅学逐渐融贯大小乘（吕澂《中国佛学源流略讲》）。再往后的发展，中国禅宗诞生了，而且，《坛经》明确提出了"定慧等学"的主张：

> 诸学道人，莫言先定发慧，先慧发定各别。作此见者，法有二相，口说善语，心中不善，空有定慧，定慧不等；若心口俱善，内外一如，定慧即等。

道安（312—385），东晋时代杰出的佛教僧人、学者，对中国佛教所作的贡献极其卓越。在中国佛教史上，道安是最早的热心传教者、僧伽制度建立者，率先提出凡出家为僧者均应姓"释"；他还是最早的系统经录的编纂者、佛经注释者、翻译经验总结者；另外，他是般若学"六家七宗"中"本无宗"的创立者。

《六祖坛经》事实上确立了中国禅宗南传顿教的新禅观：基于禅与定二者一体的思想基础之上，提出"定慧一体"的思想——定是慧体，慧是定用，即慧之时定在慧，即定之时慧在定。

这样一来，禅的内涵极大丰富。禅，是人的一种重要的精神修持方法，是信奉者摆脱外界干扰、保持内心平静、体悟真理或最高实在的方法。有时候，它还是获得神通、获得功德、获得智慧、获得解脱的方法。

这种主张，随着禅宗的流传，影响与日俱增。中国禅宗从隋唐开始，经过唐宋的兴盛，元明清风韵犹存，一千多年来，在中国乃至整个亚洲文化的领域里活动，风之所至，草木随舞。

从唐代起，中国的禅宗就开始向周边的国家传播，最早传入的是越南。唐代禅宗传入朝鲜新罗国，最先传去的是北宗，后来传去的是南宗。宋代禅宗大规模传入日本，最有影响的是临济和曹洞二家。明代又有黄檗宗再次传入扶桑。可以说，早在 12 世纪时，禅宗已经在亚洲地区有了影响，并正式形成了禅宗文化带。19 世纪下半叶，中国的禅宗僧人将禅宗传到东南亚地区。20 世纪初，禅宗在日本禅宗人士的弘扬下，逐渐为欧美人士所知。到 40 年代，禅宗已经引起西方人士的兴趣。50 年代以后，许多西方人热衷于参禅、学禅，学习禅宗无疑也是一种放松自己、消除紧张的行之有效的办法。

到 20 世纪的 60 年代，"禅"在美国成了嬉皮士文化的组成部分，是美国青年反主流文化的一面旗帜。今天，打坐修禅在美国青年当中已经失去了反叛的意味，渐渐地成为他们的一项生活习惯，不少美国大学生乐此不疲。（李四龙《欧美佛教学术史》）

当然西方的学者们并不天然就重视佛教乃至禅宗，他们最初只把汉传佛教看作是印度佛教的附庸或退化。这种观点在 20 世纪的中国佛教研究领域也很流行，例如欧阳渐、印顺法师，都是希望回到印度的佛教。

西方学者，特别是法国、比利时的佛教学者，二战后开始从文献学之外，找到人类学、社

欧阳渐，字竟无，近代著名佛学居士，是开创支那内学院和金陵刻经处杨文会大师的弟子，并继任主持。培养了大量佛教人才。印顺法师是太虚法师的弟子，当代著名高僧，智慧深广、学识渊博、著述宏富，是慈济证严法师的依止师。

会学的研究范式解读汉传佛教。这种姿态，反而让20世纪上半叶没有自信的东亚文明受到刺激，更加激烈地反省与批判自身的传统：

> 认为中国的佛教受到了本土文化的不良影响，教义基础已经偏离了印度佛教的正轨。这种姿态在日本学者那里，最终演化为日本学者90年代的"批判佛教"，时隔十余年，这股思潮目前在新一代中国佛教学者中间依然得到了热烈的回应。（李四龙《欧美佛教学术史》）

自我反省到自我否定的地步，如此激烈，是否过了头了呢？反正西方学者没有按照这种思路走下去，在他们看来，佛教作为印度的一种文明，进入另一个以儒家为主流的强大文明体系，不仅存活下来，而且还能开花结果，这个伟大的历史事实，已经证明了文明的对话与移植不仅可能，而且可行。在当代，西方文明正在遭遇东方文明，这一历史的经验极其具有现实意义。面对这个历史事实，他们更关心的是：为什么会这样？

禅，是西方社会对佛教印象最深的东西。禅法进入西方社会，主要归功于铃木大拙的努力。1927年，他在伦敦出版论文集《禅佛教论集》，被认为是禅宗正式进入西方世界的标志性事件。在他推介日本的临济禅以后，禅开始在西方受到推崇。

> Zen（禅）作为外来语进入西方语言，主要归功于铃木先生的弘法事业，他所讲的临济禅，也被西方称为"铃木

禅"，成为东方的禅宗或佛教与西方思想进行沟通的一种形式。他的努力，推动了西方学界尤其是美国学者，对汉传佛教与东方宗教的研究热情。其中既有著名的神学家，也有心理学家、哲学家，乃至各式文化名流，这使"日本禅"在西方世界取得了很大的影响。（李四龙《欧美佛教学术史》）

铃木论述的禅贯穿着非理性主义。正是因为铃木，西方人心目中的禅，往往是"神秘的""非逻辑的"，甚至就是一种神秘主义。

但是70年代以来，随着西方对日本禅师道元的研究，理性与现实主义也开始进入禅的世界（李四龙《欧美佛教学术史》）。

现当代西方学者的研究，将"禅"放到广义的佛教传统里考察，绝非仅限于禅宗。他们关注各种文献资料、社会史、制度史：

> 现在主修佛教的美国学生，通常都会腾出一定的时间花在打坐上，有的美国教授甚至还以弘扬佛教为自己的天职。（李四龙《欧美佛教学术史》）

他们从哲学上进行反省，他们引进各种思辨性研究，注重人类学的解读，他们主张将佛教视为"活的宗教"加以重视。

铃木大拙（1870—1966），日本佛教学者。原名贞太郎，后因学禅改名大拙，别号也风流居士，是日本现代著名的禅学思想家。铃木大拙在美、英等国工作和生活长达25年，有过禅门体悟的亲身经验，对中国和日本的传统思想文化颇为了解。他本人因介绍东方的禅学和文化而闻名于西方的人文学界。

有可取之处的思想文化，未必有广泛的影响，但是，有广泛影响的思想文化，必有可取之处。对于具备如此全球广泛影响的禅，我们需要关注的是：禅之道，归为茶中之道是否正确？茶性有多少呢？禅，到底是神秘的还是理性的？

要真正厘清佛教与禅宗每一个细部的性质，这几乎是不可能完成的任务。不但佛教以及禅宗本身是活的宗教，仍然不断发展变化，仅就佛教典籍以及研究资料的情况看，就浩如烟海，很不得了

经，佛所说。
律，佛所定。
论，门徒所解。

了。经律论三藏，按传播语言系统就有三大类：巴利文系统大藏经、汉文系统大藏经、藏文系统大藏经。就汉文而言，宋代最早刻成开宝藏5000 余卷，其后崇宁藏、毗卢藏、圆觉藏、碛

沙藏等，不下 14 次，清代龙藏收 7000 余卷，到了日本印大正藏，已达万卷。西夏文、满文、梵文、佉卢文、吐火罗语、回鹘语、于阗语、粟特语等文献，屡有出土，敦煌写经，就有两万卷以上。

好在我们没有必要全面进行梳理。我们可以做到的是：尝试发现佛教与禅是否有茶性，有多重。

二

我们可以尝试继续从现代学术的立场来了解这个问题的答案。

我们首先可以听听宗教学学者的意见，原因很简单：被公认为现代宗教学之父的缪勒提出的宗教学研究的基本原则之一很有

说服力——"只知其一者，一无所知"（He who knows one, knows none.）。尽管缪勒提出的许多观点，特别是宗教起源理论在他生前就被同行淘汰了，但是，这条原则仍然普遍被研究者们尊奉：只懂一种宗教，其实不懂宗教。

缪勒于1870年2—3月在伦敦英国科学研究所作了四次关于宗教学的讲座，讲座的讲演词1873年结集出版，名为《宗教学导论》。这本书第一次提出了"宗教学"这一概念，因而被公认为西方宗教学的奠基性著作。"只知其一者，一无所知"是缪勒确立的宗教学比较基本原则。

　　人们会问，从比较（宗教）能得到什么呢？要知道，所有的高深知识都是通过比较才获得的，并且是以比较为基础的。如果说我们时代的科学研究的特征主要是比较，这实际上是说，我们的研究人员是以所能获得的最广泛的证据为基础，以人类心智所能把握的最广阔的感应为基础的。
　　应当对人类所有的宗教，至少对人类最重要的宗教进行不偏不倚、真正科学的比较；在此基础上建立宗教学，现在只是一个时间问题了。（麦克斯·缪勒《宗教学导论》）

　　缪勒作为印度学与佛教研究的大家，主持编撰了多达50卷的《东方圣书》，其中大小乘佛教的经典，译者都是当时最优秀的专家学者。缪勒对佛教的评价是这样的：它是一个无神论的宗教。

　　至于无神论的宗教，看来好像完全不可能有这样的宗教；但是事实是驳不倒的，因为佛陀的宗教从一开始就是

清一色的无神论。当神性这个观念在被无止境的神话谬论
贬低之后，这些神话使佛陀的心深受打击，神性就从人的
心灵之宫中被开除了，至少在一段期间被开除了。而在基
督教出现以前，最高的道德是由人来教诲的，与这些教诲
者相比，神只不过是幻影，不拥有祭坛，就连那不知名的
上帝也没有祭坛。

佛教不认为一切取决于最高的力量，因而不承认有最
高的神。（麦克斯·缪勒《宗教学导论》）

当然了，比较宗教学自建立以来以及随后的兴盛，是建立在对
"人类一元发生学"以及直线进化论的盲目信仰之上的。一次世界
大战以后，学术界的反思让人们转移到各个独特的宗教传统、宗教
本身等问题上，宗教研究出现了较新的专门化倾向，从 1905 年以
来，许多新的研究方法争相竞起，对佛教的理解也越来越丰富。

荷兰学者范德莱乌是宗教现象学的先驱，他的巨著《宗教现象学》是宗教现象学的理论奠基石，这本书的出版，标志着宗教现象学作为一门独立的学科开始进入宗教学和人文学科的学科体系。

格拉迪斯·范德莱乌在 1933 年出版的《宗教现象学》中将佛教归类为虚无型的否定性的宗教，这种观点并不稀奇，因为佛教最初就是被西方视为"虚无主义"，叔本华、尼采的这种解读方式一直流行到 20 世纪初。事实上，在比《宗教现象学》出版稍早一年的时候，西方佛学研究的里程碑《佛教逻辑》就已经出版了，这部著作凝聚了作者 25 年的研究心血，作者费多尔·伊波里托维奇·舍尔巴茨基（1866—1942）是欧洲

三大著名学术协会会员，他以"一元论""绝对主义"解读佛教，西方社会对佛教开始进入真正的"洋格义"时代。

所谓格义，顾名思义，就是用比较和类比的方法来解释和理解跨文化背景的概念。印度佛学初传中华，鉴于理解外来文化的需要，中土的精英必然用本土儒家、道家思想来解释佛学。舍尔巴茨基将佛教历史上的法称比作"印度的康德"，以"绝对主义"来解读龙树所讲的"毕竟空"；后来的印度学者穆帝从康德、黑格尔来诠释中观学的"空性"。特别是最近的 50 年，西方学者总是以最新的西方哲学思潮或文化理论重新诠释佛教哲学，存在主义、过程哲学、逻辑实证主义、维特根斯坦后期哲学、新实用主义、解构主义、现象学等，都反映在西方学者撰述的佛教哲学论著中。

> "他者"（the other）和"自我"（self）是一对相对的概念，西方人将"自我"以外的非西方世界视为"他者"，将两者截然对立起来。所以，"他者"的概念实际上潜含着西方中心的意识形态。宽泛地说，"他者"就是一个与主体既有区别又有联系的参照。

在 200 年间，佛教从异教徒的偶像崇拜典范，成为基督徒的对话对象，佛教哲学成了西方哲学最重要的"他者"之一。哲学，在西方向来是一种爱智之学，西方哲学框架下的佛教，被引入科学哲学的观念进行探讨，被与种种西方哲学进行比较。

无论这些比较的内容是什么，有一点是可以肯定的，在西方，佛教是理性的表率。

在中国有类似的理解。章太炎先生在《论佛法与宗教、哲学以及现实之关系》的演讲稿中认为佛法是哲学而不是宗教，而且称之为"哲学之实证者"，因为哲学的希腊文原意是"爱智"，释迦牟尼的本意就是"求智"，所以二者是同义的。在《建立宗教论》中，他比较了佛法与柏拉图、康德、斯宾诺莎、黑格尔等东西方哲学。

欧阳竟无先生著名的命题"佛法非宗教非哲学"的依据，是他总结的佛教四大特点"反至上权威（神）""反盲从""智慧解脱""崇尚理性"的特征。欧阳竟无的这个命题在当时及后代影响十分巨大，如李圆净、弘一法师、周叔迦、虚云法师及当代的净空法师、茗山法师都主张这样的观点。

佛教最高的目的，是"涅槃"。无论大小乘怎么解释涅槃的含义，无论达到涅槃是顿悟还是渐修，佛教都认为，要达到涅槃，也就是解脱，只有消除"无明"一条路，就是说，佛教依靠的是"智慧解脱"。一个绵延数千年的宗教，不可能完全没有神秘主义的成分，但是，佛教的骨子里是追求理性的，是侧重思辨、理性和智慧的。

作为佛教的奇葩，禅宗当然具有同样的性质，它发展自禅修之法。禅修之法，首先是解脱的方法，是佛教内部各宗各派的共法，乃至是印度其他宗教也有的修行之法。正是因为这样，才有了基督禅的产生。

> 基督教神父或牧师与东方禅师的交往，加速了禅宗与西方宗教文化传统的会同，形成所谓"基督禅"（Christian Zen）的尝试。1965 年 10 月，天主教"梵二会议"发表《教会对非基督宗教态度宣言》，正式承认其他宗教的思想与社会文化价值，整个基督的世界有意推动普遍性的宗教对话。……1971 年，乔史顿（William Johnston）明确提出"基督禅"的说法，发表专著《基督禅：冥想之道》，直至

今日该书仍在重版。(李四龙《基督禅与佛教自觉》)

"基督禅"的最根本之处，是基督徒借用佛教的"止观""数息"等禅法，形成基督教的"默观"方法，充实基督教原有的"默祷"。

> 禅修的主要手段，是通过"调身""调息""调心"，从而"入定"，进行"止观"。止是止息散念，断除烦恼，净化内心；观是观想一处，证入清净。禅的原义是"静虑"，并非局限于佛教。但是，禅在佛教里，就是"止观"两字，代表了佛教两种最基本的禅法。基督禅的主要内容，是运用"数息"的方法达到止观的禅境，观想天主，能在心灵深处见到天主，与天主结合为一，顿悟"天主是爱"。1995年克利福特（Patricia H.Clifford）出版的《静坐：与基督禅相遇》，解释了如何能在打坐时感悟上帝。(李四龙《基督禅与佛教自觉》)

佛教的禅，当然不是单纯的修行之法，它包含着"不共法"的内涵。"一切贤圣，皆以无为法而有差别"(《金刚经》)，佛教的禅，重视的是沟通"慧学"，佛"以一大事因缘"出世(《法华经》)。任何方法都是为目的服务的。佛教的终极目的毕竟是解脱生死，禅，当然要重视的是与佛教境界的结合，乃至中国诞生的禅宗，直接将方法与觉悟融为一体"定慧等"了。在禅宗这里，参禅就能悟道——得到生命的大解脱，"禅定为通往解脱的最稳妥最有效的路"(张中行《禅外说禅》)。

　　红尘中的迷惘者们是不甘心糊里糊涂一辈子的，他们必然被禅宗的这种追求所吸引，必然要接着问：悟道悟到什么？怎么就是大解脱？禅修悟出什么就是解脱？

　　孟子说自己养浩然之气，被弟子问是什么，孟子说："难言也。其为气也，至大至刚，以直养而无害，则塞于天地之间。"但这种难，跟禅悟一比，恐怕还是要容易些，因为浩然之气毕竟还在世间，而禅悟，至少主观愿望是出世间的。

　　有的人读佛经，学教义，弄来弄去，学的都是知识，这个对佛教来讲，是"名相"，是"智"的结果。所谓"智"，是认识世间事的明察力，不是"慧"，慧是证悟出世间法的明察力。佛教要求奉行佛法的人要真参（禅）实（修）证，努力行，精进不息地实干，必须自己智慧解脱才是根本。

　　禅宗强调"心性本净""觉悟不假外求"，于是问题就来了。唐朝悟了道的禅师青原惟信有一则语录：

　　　　老僧三十年前未参禅时，见山是山，见水是水。及至后来，亲见知识，有个入处，见山不是山，见水不是水。而今得个休歇处，依前见山只是山，见水只是水。大众，这三般见解，是同是别？（《五灯会元》）

　　前一种是常见，我们自己可以经验印证；中间一种，用佛教理论解释，应该是见到了真理"空"；但是后一种呢，显然不是回到第一种，但又是什么呢？难言也。禅宗说的悟道境界，都是这样难以体会。

当然，我们也可以从理论上说，他们证到了（宇宙真理的）实相，他们认识了自己的本心、认识了自性。但这些毕竟是"智"的解释，他们曾经真正证到的境界，还需要后学的实践者亲自去体验、体悟。

不管怎么说，总体而言，禅宗之禅，已经成为可以代表佛教精神的主流，同样是骨子里追求理性，侧重思辨、侧重理性、侧重智慧的。禅，是茶性的。

三

具体而言，禅宗提供的通向解脱的道路，共有两类：渐修、顿修。

渐修的禅风传到六祖慧能的时候，中国禅宗顿悟之家风为之大振。

但在六祖那里，顿悟与渐悟并不矛盾，顿渐是指知识得到的快慢不同，不是法门不同，快慢也是相对的，只有上根器的人才能顿悟，至于大众，还是需要走渐修的道路。

> 慧能（638—713），生于岭南新州（今广东新兴县）。得黄梅五祖弘忍传授衣钵，继承东山法门，为禅宗第六祖，称禅宗六祖，是中国历史上有重大影响的佛教高僧之一。

法本一宗，人有南北。法即一种，见有迟疾。何名顿渐，法无顿渐。人有利钝，

故名顿渐。……师（慧能）曰，汝师（神秀）戒定慧，
接大乘人。吾戒定慧，接最上乘人。悟解不同，见有迟
疾。……汝师戒定慧，劝小根智人。吾戒定慧，劝大根智
人。（《坛经》）

南传禅宗，最让人心向往之的，不单单是智上能够快速地悟，
关键是，"修行"这一方面，也能一蹴而就。《六祖坛经》中《机缘》
篇和《顿渐》篇，提到不少弟子因为正面听闻佛理而顿悟的。这个
顿悟指的是：生命的大解脱。

看见月亮就悟道，看见倒在地上的树就大解脱，摔了一跤生死
的大疑难就得到解决，这些也太神奇。还有看见桃花悟道的，听到
驴叫悟道的，似乎轻松得匪夷所思。比起佛教内部的其他法门，禅
宗简直是太具有吸引力了。难怪张中行先生在《禅外说禅》中感慨：

比如有两种考试制度，一种，必须彻底通晓《瑜伽师
地论》和《成唯识论》等，才能及格，一种，参个话头，
继而听到驴叫，觉得像是有所知，也就及了格，投考的人
很多，绝大多数会报考后一种吧？唐宋以来，寺院几乎都
成为禅寺，禅寺里住的当然是禅僧，人数占了压倒优势
（这是立宗的最重要的条件），我想原因主要就是这个。

但是不管怎么说，仍有很多人相信，禅宗的禅，是可以实际地
通向解脱的。

如果说，茶性的仙道，是一种面对人生始终立足现实、始终不放弃的态度精神，那么，茶性的禅道，就更多地指出了对待人生的原则与方向。

但是，为什么要选择禅的方向呢？事实上，全部宗教文化的功能，都在尝试满足人类追求生命意义的本能，为什么偏偏选择禅？而且，"宗教是人建立神圣宇宙的活动"（《神圣的帷幕》），虽然每一个时代、每一个社会，都在无休止地建造一个在人看来有意义的世界，但是，

> 这样一个宇宙，作为人类法则的终极根基和终极证明，并不必然需要神圣化。尤其是在现代，一直存在着进行秩序化的彻底世俗化的企图，其中现代科学是迄今最重要的努力。（《神圣的帷幕》）

尽管人类历史的大部分时间中，人类世界大多数都是神圣化了的世界，尽管人类历史上的宗教事业是对意义进行探求的重要努力，体现着人类不惜一切代价追求意义的紧迫性和强烈性。然而，世界已经走入了"世俗化"的时代，社会和文化的一些部分摆脱了宗教制度和宗教象征的控制，"现代西方社会造成了这么一批数目不断增加的个人，他们看待世界和自己的生活时根本不要宗教解释的帮助"。普通人对宗教产生了"信任危机"：传统宗教对于世界现实的解释的看似有理性出现崩溃。既然如此，禅宗之禅，是否仍然对我们具有意义？

事实上，无论我们对世界如何进行解释，并不意味着我们就能

摆脱危机：

> 人建造的世界一直会受到无秩序的威胁，而人最终还
> 要受到不可避免的死亡的威胁。除非无序、混沌和死亡都
> 能被整合进人类生活的法则之中，否则，这法则就不能在
> 全部集体历史及个人经历中生效。再说一遍，每一种人类
> 秩序，都是一种面对死亡的社团。神正论代表着与死亡签
> 订契约的努力。无论任何一种历史中的具体宗教的命运，
> 或者宗教整体本身的命运如何，只要人会死，只要人不得
> 不使死亡这个事实具有意义，那么我们就可以肯定，这种
> 努力的必要性将继续存在下去。(《神圣的帷幕》)

宗教可能会在历史长河中过时，但是宗教曾经处理过的问题不
会过时，因此，宗教曾经取得的成果与经验仍然值得借鉴。禅宗之
禅，作为佛教文化的奇葩，同样值得借鉴。

历史上各种宗教文化的成果丰硕繁多，都值得不断从历史中剥
离出来重新融入时代。但是，如果说道教的仙学精神，体现着追求
人文与科学融会贯通的努力，从而让这种精神值得借鉴，那么，我
们为什么选择禅而不是其他呢?

站在当代生理学的立场而言，人根本上是一种动物，因此，人
们追求超越生命、追求与神圣力量或神圣存在合一，可谓是"神秘
主义"。这种神秘主义是历史上一个重要的宗教现象，它也起到过
极其重要的作用：

世界提供了抵制无秩序的极为有效的屏障。这绝不意味着对个人而言不会发生什么可怕的事，或者个人得到了永久幸福的保障。它只意味着，无论发生了什么事，无论这些事多么可怕，由于它们与事物的终极意义都有关联，因而它们对于个人是有意义的。（《神圣的帷幕》）

神秘主义提供的与神圣合一的神秘体验，具有压倒一切的实在性，从而个人的苦难和死亡就都变成无意义的琐屑的事情了。佛教追求的"涅槃"正是如此，而且，佛教是众多宗教类型中理性派的代表。

在解脱论方面，佛教可谓"羯磨—轮回说"（因果轮回理论）的最为彻底的理性化：

然而在原始佛教中，尤其是体现在巴利文经典和各思想学派的大多数解脱学说的原始佛教中，羯磨—轮回说的理性化所达到的程度，是在正统印度教思想范围内即令曾经达到也极少达到的。神灵和恶魔，神话中的整个宇宙，印度宗教幻想的万千世界——所有这一切都消失了……剩下的只有人，在对存在之规律正确理解的基础上（存在规律被总结为三个普遍真理——无常、悲苦、无我），人开始有理性地造成自己的解脱，并且最终在涅槃中得到解脱。在此，除了以冷静的理性理想和理性行动去达到这种理解的目的，任何宗教态度都没有一点地位。（《神圣的帷幕》）

这种精神，在中国禅宗那里得到了最完美的继承。

禅宗对自家尊奉的《金刚般若波罗蜜经》中"若以色见我。以音声求我。是人行邪道。不能见如来"做了最彻底的发挥：

> 临济宗著名禅师义玄曾说："大善知识，始敢毁佛毁祖，是非天下，排斥三藏教，骂辱诸小儿。"他还说："向里向外，逢着便杀，逢佛杀佛，逢祖杀祖，逢罗汉杀罗汉。"《古尊宿语录》中记载说："王常侍一日访师，同师于僧堂前看，乃问：这一堂僧还看经么？师云：不看经。侍云：还学禅么？师云：不学禅。侍云：经又不看，禅又不学，毕竟作个什么？师云：总教伊成佛作佛去。"这类记述就是禅宗里的所谓"呵佛骂祖""非经毁行"。（姚卫群《佛学概论》）

禅宗排除了人和宇宙理性秩序（大道）之间的任何中介。

中国禅宗，既有需要实证可以解脱的境界，本身又方法具足，对我们这些红尘中的人来说，与其感慨"误落尘网中，一去三十年"，不如当然地踏上禅之道。禅，应当是茶之道中我们生命的原则与方向。

《楞伽经》卷四："如愚见指月，观指不观月；计著名字者，不见我真实。"

坚持仙道的现实主义原则，结合禅的行为原则和境界方向，确实是一条相当值得注意的茶中道：意在"茶"外、因指见月——立足理性但又面向超越的开放，如此面对人生。

一

　　茶中的礼之道，其承载的历史厚重，远远被世人所低估。

　　"礼"这个字在文化上所代表的意义，绝不仅仅是礼仪或者礼
貌，更重要的，它代表的是：整个中华文明的历史方向。

　　说到历史文明方向的话题，谁也不能回避
雅斯贝尔斯的"轴心时代"理论，整个中华文
明的历史方向同样符合这个规律。雅斯贝尔斯
1949 年出版的《历史的起源与目标》，一反黑格
尔《历史哲学》和《哲学史讲演录》中的西方中
心立场，为所有历史学提供了一个新的视野。他
认为，在公元前 800—前 200 年之间，尤其是公
元前 600—前 300 年间，是人类文明的"轴心时
代"(Axial Period)。

> 雅斯贝尔斯（1883—
> 1969），德国存在主
> 义哲学家、神学家、
> 精神病学家。雅斯
> 贝尔斯主要探讨了
> 内在自我的现象学
> 描述，而且着重自
> 我分析及自我考察。
> 他强调每个人存在
> 的独特和自由性。

　　最不平常的事件集中在这一时期。在中国，孔子和老
子非常活跃，中国所有的哲学流派，包括墨子、庄子、列
子等诸子百家，都出现了。像中国一样，印度出现了《奥

义书》和佛陀，探究了一直到怀疑主义、唯物主义、诡辩派和虚无主义的全部范围的哲学可能性。伊朗的琐罗亚斯德传授一种挑战性的观点，认为人世生活就是一场善与恶的斗争。在巴勒斯坦，从以利亚经由以赛亚和耶利米到以赛亚第二，先知们纷纷涌现。希腊贤哲如云，其中有荷马、哲学家巴门立德、赫拉克利特和柏拉图，许多悲剧作者，以及修昔底德和阿基米德。在这数世纪内，这些名字所包含的一切，几乎同时在中国、印度和西方这三个互不知晓的地区发展起来。（雅斯贝尔斯《历史的起源与目标》）

从那个时代开始，古希腊、以色列、中国和印度这几个地方的人们开始用理智的方法、道德的方式来面对这个世界，同时也产生了宗教。

神话时代及其宁静和明白无误，都一去不返。像先知们关于上帝的思想一样，希腊、印度和中国哲学家的重要见识并不是神话。理性和理性地阐明的经验向神话发起一场斗争（理性反对神话）……（雅斯贝尔斯《历史的起源与目标》）

于是，原始文化被突破和超越产生了宗教，哲学家们也开始出现了，在轴心期，首次出现了后来所谓的理智与个性。

从那个时代开始，人类有了进行历史自我理解的普遍框架，直至近代：

> 人类一直靠轴心时代所产生的思考和创造的一切而生存，每一次新的飞跃都回顾这一时期，并被它重燃火焰，自此以后，情况就是这样，轴心期潜力的苏醒和对轴心期潜力的回归，或者说复兴，总是提供了精神的动力。（雅斯贝尔斯《历史的起源与目标》）

塔尔科特·帕森斯（1902—1979），现代结构功能主义的创始人，系统论思想对他影响很大。帕森斯在近半个世纪中几乎在哈佛度过，是美国社会学功能主义理论大师。

无独有偶，现代结构功能主义的创始人帕森斯对马克斯·韦伯的思想进行发挥，他所提出的"哲学的突破"（philosophical breakthrough）观念与轴心时代的理论思路近似。帕森斯认为，在公元前 6 世纪至公元前 4 世纪时，希腊、以色列、印度和中国四大古代文明先后不谋而合且方式各异地经历了这个过程。在宗教领域发生了一场巨大的变革，开始出现伟大的世界性的宗教，人类对于自然世界与精神世界的观念分离开来，世界开始向理性解释敞开，科学调查与解释之门被打开了，而且，这一理性主义同样渗入了社会领域，随着历史的发展，各种政治与社会设置也要经受理性的批判。这一突破，开启了普遍性的大门，多方面开启了工业化的大门。韦伯的第一本主要著作《新

马克斯·韦伯（1864—1920），德国的政治经济学家和社会学家，被公认为现代社会学和公共行政学最重要的创始人之一。学术界对其在社会学、管理学、历史学、文化研究等领域的贡献评价很高。韦伯的主要著作围绕于社会学的宗教和政治研究领域上，他在各种学术上的重要贡献通常被通称为"韦伯命题"。

教伦理与资本主义精神》就是论述这一主题的。韦伯认为：

> 我们的时代，是一个理性化、理智化，总之是世界祛
> 除巫魅的时代；这个时代的命运，是一切终极而最崇高的
> 价值从公众生活中隐退——或者遁入神秘生活的超越领域，
> 或者流于直接人际关系的博爱。（马克斯·韦伯《马克斯·韦
> 伯社会学文集》）

世界的除魅和理性化可以说是韦伯全部思想的主题。

> 站在智力的制高点上，韦伯看到了几个世纪以来所发
> 生事件的全景图。他将此过程称为"die entzauberung der
> welta"——世界的除魅，历史上最重要的潮流——理性化，
> 一步步坚定地把不确定的、神秘的和诗意的东西击退。（柯
> 林斯、马科夫斯基《发现社会之旅》）

韦伯所说的理性化不仅仅限于西方，而是全人类历史发展中的
共同现象，只不过，在不同的文化模式下，人类的理性有不同的表
现方式（顾忠华《韦伯学说新探》）。

中国文明的发展，同样经历轴心时代或者哲学的突破，其发展
的大方向，同样符合"世界的除魅"这个大趋势，只不过更具有自
己的特色。公元前 500 年左右时期的中国文化与三代以来的文化发
展的关系，是连续中有突破、突破中有连续：

中国古代文明演进的一大特色是文明发展的连续性。固然，春秋战国时代的精神跃动比起以前的文化演进是一大飞跃，但这一时期的思想与西周思想之间，与夏商周三代文化之间，正如孔子早就揭示的，存在着因袭损益的关联。……在中国的这一过程里，更多的似乎是认识到神与神性的局限性，而更多地趋向此世和"人间性"，对于它来说，与其说是"超越的"突破，毋宁说是"人文的"转向。
（陈来《古代宗教与伦理》）

在韦伯那里，理性化的重要标准就是破除巫术的程度。韦伯相信，宗教的理性化是社会行动和社会组织理性化程度的标志。在韦伯看来，宗教是和经济利益、社会组织紧密联系在一起的一个整体，宗教是一个能够理性化的社会存在形式。韦伯承认，世界其他地区的其他宗教都有建构出各异其趣的"理性主义"类型。对于中国文明而言，陈来先生雄辩地论证了这种理性主义的发展在西周时期就已经完成：

在西周思想中已可看到明显的理性化的进步。与殷人的一大不同特点是，周人的至上观念"天"是一个比较理性化了的绝对存在，具有"伦理位格"，是调控世界的"理性实在"。西周的礼乐文化创造的正是一种"有条理的生活方式"，由此衍生的行为规范对人的世俗生活的控制既

75

深入又面面俱到。与韦伯描绘的理性化的宗教特征完全相合。周礼作为完整的社会规范体系，正是在整体上对生活方式的系统化和理性化。在这里，我们不必去讨论韦伯所谓伦理先知与楷模先知的分别，韦伯承认儒家思想具有明显的入世和理性主义倾向，是毋庸置疑的。（陈来《古代宗教与伦理》）

西周逐步开始并实现的这种理性化的文化模型，影响力究竟有多大呢？这个问题，涉及文化人类学文化模式（pattern）与文化精神（ethos）的区分问题：一个文明，整体的文化性格，可以采用日神精神、酒神精神概念加以讨论。当然文化人类学家并不着意将人类的各种文化模式统统划归入这两种类型，但是人类学的基本人格学派认为：每一种文化的基本人格，可以在四五千年的整个历史时期保存下来，极少变化。一个族群的精神气质，这个族群对他们自己和他们所处世界的根本态度，被历史赋予了古代某些人物来创造。他们具有巨大的文化选择权能，他们的思想方向，相当程度上决定着后来的文化与价值方向。在中国的历史上，这个人先是周公，后是孔子，"周孔"并称，他们继承了三代文化，定型了中国文化的气质。

从早期中国文化的演进来看，夏、商、周的文化模式虽然有所差别，如殷人近乎狄奥尼索斯型，周人近于阿波罗型。但三代以来也发展着一种连续性的气质，这种气质以黄河中下游文化为总体背景，在历史进程中经由王朝对周边方国的统合力增强而逐渐形成。而这种气质在西周开始定型，经过轴心时代的发展，演变成为中国文化的基本人格。（陈来《古代宗教与伦理》）

这种基本人格，在中国，就是周代形成的儒家的礼乐文化：

儒家注重文化教养，以求在道德上超离野蛮状态，强调控制情感、保持仪节风度、注重举止合宜，而排斥巫术，这样一种理性化的思想体系是中国文化史的漫长演进的结果。它是由夏以前的巫觋文化发展为祭祀文化，又由祭祀文化的殷商高峰而发展为周代的礼乐文化，才最终产生形成。（陈来《古代宗教与伦理》）

礼乐文化，在周代就已经大成，在周代就已经"脱巫"，它是文化体系，它是理性化的表现，它是人间性的文化规范。

它的理性更多的是人文的、实践的理性，其理性化主要是人文实践的理性化……这种人文实践的理性化，并不企图消解一切神圣性，礼乐文化在理性化的脱巫的同时，珍视地保留着神圣性与神圣感，使人对神圣性的需要在文明、教养、礼仪中仍得到体现。（陈来《古代宗教与伦理》）

根本而言，中国的礼与乐，都是茶性的。

<h1 style="text-align:center">二</h1>

这种礼乐文化，虽然是茶性的，虽然是重理性、重智慧的，但是，它是否已经随着历史的发展而发霉变质，真的早就成为"吃人的礼教"了呢？

"礼教吃人"的提法当然是和鲁迅先生有关。被胡适先生誉为"四川省只手打孔家店"的吴虞先生，1919年8月读了鲁迅的《狂人日记》后得到启发，撰写了《吃人与礼教》一文，影响极大。

将礼教与吃人相联系的那个时代，其影响至今仍很深远。

近代颇有一些学者，他们把近代中国社会比诸近代西方社会在各方面的相对落后，完全归咎于儒家思想，并因而认为，儒家思想对中国历史的影响乃全为负面的。但他们似乎却忽视了一个事实，即：到了今时今日还有一个国家叫作"中国"，还有为数怎样也不能算少的一群人叫作"中国人"，还有大量使用"中国语文"来说话著书的人，这就已经充分证明了中国文化的生命力量，而由此亦已证明了作为中国文化主流的儒家的正面价值。（梁家荣《仁礼之辨：孔子之道的再释与重估》）

历史沧桑，时光流转，一百年后再来看这些问题，我们仍能简单地认为科学与传统一定对立吗？古文一定需要被消灭吗？汉字一定要被拼音取代吗？那个吃人的世界真的要怪罪"礼"吗？

礼乐之道，是儒家的核心内容，与儒家密不可分：

> 我们这个社会，无论识字的人与不识字的人，都生长在儒家哲学空气之中。……研究儒家哲学，就是研究中国文化。诚然儒家之外，还有其他各家，儒家哲学，不算中国文化全体；但是若把儒家抽去，中国文化，恐怕没有多少东西了。中国民族之所以存在，因为中国文化存在；而中国文化，离不了儒家。（梁启超《清代学术概论》）

陈寅恪也同意礼乐之道就是儒家核心的观点：

> 服膺儒教即遵行名教（君臣、父子等）。其学为儒家之学，其行必须符合儒家用来维系名教的道德标准与规范，即所谓孝友、礼法等。（陈寅恪《魏晋南北朝史讲演录》）

礼教的特色在于它全面地安排人间秩序，这是宗法社会的鲜明特色。然而事实上，如果站在全球的视野来看，宗法社会是历史阶段，东方与西方，其实本质上并没有什么不同。

西方在中世纪同样是宗法社会的状态。

> 一个时代已经结束的标志就是它开始被浪漫化。对于19世纪早期受过教育的法国人来说，中世纪的社会已是如此遥远，因为他们已经开始了对它的怀旧。他们认为那是个充满信仰和秩序的时代……
>
> 世界是被视为高度秩序化的，就像但丁所描述的，世界是从天堂开始，在那里，上帝和他的天使们住在一起，接下来是地面上的各种社会等级，最后到了地下的九层地狱，那些受诅咒之人在那里根据他们的罪行接受惩罚。事实上，所有人都在教义上相信这个世界秩序，他们相互间的分歧在于个人在其中所处的位置——谁应该做教皇，哪些国王将得到合法地位，哪种神学该占统治地位，哪种道德是最崇高的。每个人都坚信自己的真理观，准备着去杀死任何阻碍其信仰的人。(柯林斯、马科夫斯基《发现社会之旅》)

没有必要把西方发展出"民主""科学"理念的过程浪漫化，更没有必要自我贬低自身的文化。

礼思想，在中国恰逢其会，构成了中国宗法社会的主要内容，是中国宗法社会文化的一面。政治制度的历史局限性是必然的，历史的进步在于制度改革，而不是单纯地指责文化。礼，本质上不过是近代中国落后的历史替罪羊罢了。

我们的文化的发展，如果也需要一次文艺复兴的话，不可能不立足于礼乐文明，因为礼乐文化是中国人的基本人格（陈来《古代宗教与伦理》），在人类的文明史上，中国被誉为"礼乐之邦"，中华文明被誉为"礼乐文明"。唐代学者孔颖达指出：

> 中国有礼仪之大，故称夏；有服章之美，谓之华，华、夏一也。（《春秋左传正义》）

柳诒徵先生认为：

> 中国者，礼仪之邦也。以中道立国，以礼仪立国，是中华民族与其他民族相比较而言最具特色之处。（柳诒徵《中国文化史》）

礼乐文明，是中华文明的根本特征。

历史上对礼文化的研究汗牛充栋。自梁启超倡导新史学以来，许多学者开始从各种角度研究礼文化，尤其是 20 世纪 80 年代以来，对礼文化元典、礼学思想、礼治、礼俗、礼文化、人文精神的研究成果丰硕。虽然我们对礼乐文明的研究仍远远不足，但是至少学者们不再是简单地反传统，而是再次认同了礼乐文明的价值。

　　儒家伦理文化对于社会，在某种意义上说，正如调节和制动系统对于动力装置，当最大的问题是动力不够时，过分注意制动将使加速成为不可能。中国目前最大的问题是动力系统需要改革。然而，一旦社会建立了良性动力系统结构，调节的问题必将日益突出。人类社会，改革是短期的，制度变革后的稳定发展是长期的。……一旦中国实现了现代化，儒家传统的再发展一定会到来，那时候，浮面的反传统思潮将会消失，代之而起的必然是植根于深厚民族传统的文化复兴。（陈来《人文主义的视界》）

　　在中国历史上，以礼文化为主体的传统文化曾遭受过多次的批判与冲击，经过新文化运动以及后续的五四运动的洗礼，相比"民主""科学"这些概念，传统礼乐文化的许多方面，对我们已经变得十分陌生。

　　即使这样，也仍然无可否认：中国是礼仪之邦，中国古代文化是礼乐文化，"礼是中国传统文化区别西方文化的重要标志，是中国传统文化的基础和一以贯之的根本特征"（张自慧《礼文化的价值与反思》）。20 世纪初，辜鸿铭曾经因为西方人将"礼"翻译为 rite 而恼怒，以为大错特错，实在是因为，"礼"是中国人独创的文化概念和文化现象，积淀并浓缩了太多西方文化从来没有过的意义和内涵，"礼"在西方语言中本来就不存在妥帖的对应词。

　　中国的礼乐文化，发端于原始社会，成型于西周春秋，孔子确立了礼乐基本的核心价值观：

孔子者，中国文化之中心也。无孔子则无中国文化。
自孔子以前数千年之文化，赖孔子而传；自孔子以后数千
年文化，赖孔子而开。即使至今以后，吾国国民同化于世
界各国之新文化，然过去时代之与孔子之关系，要为历史
上不可磨灭之事实。（柳诒徵《中国文化史》）

荀子、孟子进一步完善礼乐的观念。两汉、魏晋、唐宋、元明
清不断丰富发展变化。"礼，时为大，顺次之，体次之，宜次之，称
次之"（《礼记》），礼，是与时俱进的开放型的文化体系，自身具有强
大的生命力。它曾经不断涅槃，让中国文明成为历史上薪火不断的
文明，它也将继续发展，将被重估价值，重新在新时代焕发出文明
的光辉。

对礼乐文明的未来发展最乐观的人，可能莫过于作为新儒家第
一人的梁漱溟先生了吧？他在《东西文化及其哲学》中十分肯定
地说：

质而言之，世界未来文化，就是中国文化的复兴，有
似希腊文化在近世的复兴那样。……

以后世界是要以礼乐换过法律的，全符合了孔家宗旨
而后已。因为舍掉礼乐绝无第二个办法。……我虽不敢说
以后就整盘地把孔子的礼乐搬出来用，但大体旨趣就是那
个样子，你想避开也不成的。（梁漱溟《梁漱溟学术精华录》）

三

《诗经》曰："人而无礼，胡不遄死？"在中国文化中，礼，意味着对"人应该是什么"这个问题的解答，无礼，意味着对生命存在的否定。中国文化认为：人的一切行为都必须遵守一个共同的行为规范，每个人，无论是肉体的还是精神的，都必须有所行动而后方可表示他的存在，因此，礼，是个人生命的存在形式。（金尚理《礼宜乐和的文化理想》）正所谓："谁能出不由户？何莫由斯道也？"（《论语》）

中国人的"礼"，可以追溯到三皇五帝甚至更早，到周公制礼作乐，礼乐早已超出宗教礼仪的范围。礼，根本是一个无所不包的文化体系。

> 今试以《仪礼》《周礼》及大小戴《礼记》所涉及之内容观之，则天子侯国建制、疆域划分、政法文教、礼乐兵刑、赋役财用、冠昏丧祭、服饰膳食、宫室车马、农商医卜、天文律历、工艺制作，可谓应有尽有，无所不包。其范围之广，与今日"文化"之概念相比，或有过之而无不及。是以三礼之学，实即研究上古文化史之学。（钱玄、钱兴奇《三礼辞典》）

陈戍国认为，礼就是缘饰化了的现实生活，是在人类社会各阶段被视为言行正确的对各种关系的处理。彭林也将礼概括为儒家文化体系的总称。邹昌林、李安宅、杨志刚等学者持有类似观点。英国学者阿瑟·韦利在《道及其力量》中认为："全部中国哲学本质上都是研究如何才能最有效地促进人们在和睦与良好的秩序中生活在一起。"

因此，礼的内容十分丰富，既可以分为制度之礼、仪式之礼、器物之礼，也可以分为礼仪与礼义或礼俗与礼制，至少包括四个方面：礼经、礼制、礼教和礼俗。

阿瑟·戴维·韦利（1889—1966），精通汉文、满文、梵文、蒙文、西班牙文，专门研究中国思想史、中国绘画史、中国文学和日本文学，成就斐然。共著书 40 种，翻译中、日文化著作 46 种，撰写文章 160 余篇，被称为没有到过中国的中国通。

> "礼"是中国文化独有的概念，是华夏文明的内核，它以"礼治"为核心，以"礼教"为手段，以人际和睦与社会和谐为目的，具体表现为典章制度、礼节仪式、道德律令三个层面的一系列制度、规范和准则。（张自慧《礼文化的价值与反思》）

礼具有多种意义：工艺技术文明意义的礼、祭祀礼仪意义的礼、生活行为规范意义的礼、习俗庆典意义的礼、制度意义的礼，等等。大成于周代的礼乐文化"是以礼仪即一套象征意义的行为及程序结构来规范、调整个人与他人、宗族、群体的关系，并由此使得交往关系'文'化，和社会生活高端仪式化"。（陈来《古代宗教与伦理》）礼曾经是一种政治体系，但更是一种文化体系。历史已经选择了自己的新的政治形态，当今时代，我们需要关注的是：如何理解"礼"的文化精神？

周孔之后，礼，虽然包含各种祭祀仪式，但根本上是人间的、社会的、文化的。礼，体现着文明对于野蛮的进步。

> 人对器皿用具、居住宫室的讲究，对男女之别、长幼之序的讲究，对服装饰物、车旗鼎乐的讲究，对亲属称谓、婚姻制度、丧祭礼仪的讲究，对官爵等级、身份地位的讲究，就是"礼"，无不体现文明的进步。（陈来《古代宗教与伦理》）

从人类学的立场看，没有理由先天地认为人一定不同于动物，没有理由自认为是所谓的万物之灵，"人应该是什么"这个问题并没有根本的意义。但是，"自其异者视之，肝胆楚越也；自其同者视之，万物皆一也"，人类作为一种有自觉能力拥有理性的生物群体，我们不仅仅关心"人是什么"，更重要的，我们要关心"人应该是什么"。从人文的意义上说，无论怎样回答这个问题，答案一定都认为人与野兽是不同的。这种不同由什么来体现？中国文化的回答是：礼。

> 鹦鹉能言，不离飞鸟；猩猩能言，不离禽兽。今人而无礼，虽能言，不亦禽兽之心乎？夫唯禽兽无礼，故父子聚麀。是故圣人作，为礼以教人。使人以有礼，知自别于

禽兽。(《礼记》)

中国文化认为，充满象征性的礼，是体现文明程度的标志。
这一点同样被现代社会学所认同。

> 人类社会行为及社会机制从根本上说是象征性的。社
> 会之存在以及它影响个体的可见行为的方式，都是通过那
> 些不可见的命名、规则以及定位系统来实现的，这些系统
> 是个人进行认同及定向的对象。(柯林斯、马
> 科夫斯基《发现社会之旅》)

冠礼、昏礼、相见礼、乡饮酒礼、丧礼、祭
礼，六大仪礼，构成中国的礼乐文化主体，其中
各种对行为、举止、次序、位置、服饰、器物、
宫室、称谓等的规定，充满了各种各样的象征。

从过程上来讲，每个个体的人，都是从生物
人成长为社会人的。近代西方心理学很强调性成
熟时期的不安，认为这种不安往往表现为反叛的
心理状态并带来家庭内部的冲突。对于这种情
况，其实人类世界各地的文化体系都予以了充分
的关注，关注青春期，关注对儿童成长为成人
的资格认定仪式（本尼迪克特《文化模式》）。中国
《仪礼》中六礼的规范体系，规定了对待人的生、

冠礼是古代中国汉
族男性的成年礼，
面向个体。昏礼即
婚礼，完整步骤有
六步，面向家庭的
组建。相见礼，是
各种正式社交过程
的交际礼仪，面向
社会。乡饮酒礼是
社会活动中的交际
礼仪，面向生活。
丧礼最繁密，是面
对死亡事件的各种
礼节。祭礼是面向
不可知力量的礼节，
古代的吉礼基本都
可以归入祭礼。这
六大礼仪也可按嘉、
凶、吉、宾、军的
类别划分为五礼。

死、青春期、婚姻的规程、方式，这些形式化的方式演成风俗，从而结合成一个文明的文化模式。

礼的作用就是提供一种规范和训练，让社会成德成义、教训正俗、决疑息争，使上下有序。由燕礼使孝悌之道达，由守祧之礼致孝爱，由守庙之礼使君臣之道著，促进辞让、合亲、睦友，使人民贫而不约，富而不骄。

　　小人贫斯约，富斯骄；约斯盗，骄斯乱。礼者，因人
之情而为之节文，以为民坊者也。(《礼记》)

礼的作为，是针对人情而加之节文，节是使节制有度，文是文饰，节文即是仪节规范。礼，针对的是人情，因为，人情是礼的基础。

　　夫礼，先王以承天之道，以治人之情，故失之者死，
得之者生。……
　　故唯圣人为知礼之不可以已也，……故圣王修义之柄、
礼之序，以治人情。故人情者，圣王之田也。修礼以耕
之，陈义以种之，讲学以耨之，本仁以聚之，播乐以安之。
(《礼记》)

人情既然是可以开耕、播种、收获的田，那么这块田的土地特性如何？

中国人认为，人情的特点就是欲望的不满足。

> 夫物之感人无穷，而人之好恶无节，则是物至而人化物也。人化物也者，灭天理而穷人欲者也。于是有悖逆诈伪之心，有淫泆作乱之事。是故强者胁弱，众者暴寡，知者诈愚，勇者苦怯，疾病不养，老幼孤独不得其所，此大乱之道也。(《礼记》)

人情面对的外物的诱惑无穷无尽，人在追求好恶时无所节制，结果必然是人心败坏、社会混乱。礼的作用就是节制情感、品节行为的规范体系，是理性对感性的修正与完善。

那么，礼对人情是怎样实现完善的呢？

礼乐文化的基本典籍是"三礼"：《仪礼》《周礼》《礼记》。《仪礼》最古，记载各种礼仪，《周礼》记载各种国家政典形式，《礼记》是解释说明经书《仪礼》的文章选集。《礼记》第一篇就是《曲礼》。所谓"曲"，《说文解字》解为"象器曲受物之形"；《广雅·释诂》解为"折也"；《玉篇》解为"曲，不直也"。礼，根本上是一个修身的过程："自天子以至于庶人，壹是皆以修身为本。"（《礼记》）修身、自曲，则成礼。

自曲个什么？不要任由自己的欲望肆意发泄，不要忘记他者的存在。个人是身处社会关系之中的，个人对天、对地、对人的责任，犹如器物受重，必然处于"曲"的状态，这是人生的本然，万物皆如是，所以，要节制好自己的人情。"敖不可长，欲不可从，志

不可满，乐不可极。"（《礼记》）

这里的情，并不是现代意义的简单情感之情。在先秦，情字既包括事之情，又包括人之情。所以，我们面临的"自曲"对象，既包括他人，也包括我们面对的各种事物、事情。一方面，顺人之常情，另一方面，正己之性情。自曲礼人。

> 夫礼者，自卑而尊人。虽负贩者，必有尊也，而况富贵乎？富贵而知好礼，则不骄不淫；贫贱而知好礼，则志不慑。（《礼记》）

卑让不是无原则地退让，恰恰相反，儒家非常重视涵养"勇"的品德，相较而言，儒家在为人处世的态度上并不宽容。这种追求符合社会身份状态恰如其分卑让的独立人格精神，是儒家礼乐文化追求的目标："中正无邪，礼之质也，庄敬恭顺，礼之制也。"《礼记》第一篇第一句话就是"毋不敬"，面对万事万物，人生种种，"涵养须用敬"（程颢、程颐《二程集·河南程氏遗书》）。

"缘情制礼"是儒家基础性理念，同样的，礼的与时俱进也是儒家的基础性理念。"礼，时为大。"礼，作为规范，并非一成不变；理，作为原则，必要时也得重新诠释。"礼也者，合于天时，设于地财，顺于鬼神，合于人心，理万物者也。"（《礼记》）历代皆有礼教，历代也皆有其反礼教。当然，所有的变化都围绕着万古不易的礼之大本进行的。

　　整个礼乐文化贯穿的精神和原则就是"亲亲、尊尊、长长、男女有别"四项基本原则。礼制中对各种等级专有的器械、衣服、徽号等的规定都是可以改变的，但欲通过器械、衣服、徽号等所体现、所贯穿、所实现的基本原则是不可以改变的。（陈来《古代宗教与伦理》）

　　自周孔确立礼乐文化格局以来，两汉儒家思想的统治地位得到确立与巩固，"三礼"被全面整理、诠释和刊布，确立和支撑起了中国礼制和礼学的骨架。魏晋南北朝，"纳礼入律"，礼律正式结合，到了隋唐，"五礼"制度在《开元礼》中得到系统的总结。宋人的制礼活动极其兴盛，并且开始了民间礼俗的规范化，成就显著。元明是经学的积衰时代，到清初礼学复兴，并于乾嘉年间趋于鼎盛。对乾嘉学派，学术界一度认为他们长于考据、回归古典考证，思想上走向严格保守。事实上，清儒的礼学研究，让我们更加明确了"礼教应当如何与时俱进"。之所以这样，是因为清儒主张"道在六经"，他们的治学，遵循"由字通词，由词通义，诂训明而后义理明"的方法。

　　训故明则古经明，古经明则贤人圣人之义明，而我心之所同然者，乃因之而明。贤人圣人之理义非它，存乎典章制度者是也。（《戴震全书》）

　　遵循这个研究原则理念，清代儒者"仪礼学"兴起，追求从

"仪文器数"来参研古代圣贤的"礼意",开辟出"由器明道"的道路。

清代凌廷堪甚至认为,儒家通往圣贤境界的格物之学,全部都在《礼记·礼器》一篇。

《礼器》一篇的主要内容在说明制礼的精神基础和形式原则。忠信是礼的精神基础,义理是礼的行事原则。礼之原则依序是"时为大,顺次之,体次之,宜次之,称次之"。最要紧的是时代环境,其次是伦理分际,其次是对象,再次是行为意义,再其次是恰当的配合。(张寿安《十八世纪礼学考证的思想活力:礼教论争与礼秩重省》)

"道寓于器,而后长存。舍乎器,何以知礼乐。"(石韫玉《独学庐四稿》)这就是清代礼学的精神,也是清代礼学给予我们后人的珍贵遗产。

如果说,道家仙学为我们展示了求道的意志,佛家禅宗为我们指出了求道的方向,那么,儒家礼学为我们提供的则是求道的手段:借助演礼(仪礼的演习及实施)由器明道,这是茶之道中我们生命的前进之路。

第
五

茶
中
乐

一

　　茶中的乐之道，可能最需要我们重视它的价值。

　　礼乐文化，对古人而言，分开来说，有"礼"有"乐"，合起来说，则是"礼"中有乐。

　　乐本是乐舞、乐曲、乐歌的统称。在现代汉语中，"乐"字至少有四个音，但是最基本的是"快乐"的"乐"和"音乐"的"乐"，或许在先秦的时候二者发音没有区别，兼有音乐和快乐的意思。从文字起源上说，究竟"乐"字是先指快乐，还是最初就是双重含义，还有待考证。然而无论如何，礼乐文明的乐虽然与音乐相关，但是绝不简单等同于音乐。儒家的礼乐文明认为"声音"有三种层次的不同：声、音、乐，动物的情感发出来形成声，有规律表达人类情感的声才是音，而富有人文内涵的音才是乐（彭林《儒家礼乐文明讲演录》）。

　　　　凡音之起，由人心生也。人心之动，物使之然也。感
　　于物而动，故形于声。声相应，故生变，变成方，谓之音。
　　比音而乐之，及干戚、羽旄，谓之乐。乐者，音之所由生

93

也；其本在人心之感于物也。……是故乐之隆，非极音
也。食飨之礼，非致味也。……是故先王之制礼乐也，非
以极口腹耳目之欲也，将以教民平好恶，而反人道之正也。
（《礼记》）

乐，是主题健康、节奏庄严舒缓、风格典雅平和的音，德音才是乐，
乐是音的最高层次。从形式上说，乐，是包含"乐器""诗""歌""舞"
于一体的综合性艺术形态，同时，它更是这种艺术形态承载的审美愉
悦，融音乐与快乐为一体，"夫乐者，乐也，人情之所必不免也。故
人不能无乐"。（《荀子》）更重要的，"乐"的价值不仅仅局限于艺术
审美层面，"乐者，非谓黄钟大吕弦歌干扬也，乐之末节也"。（《礼
记》）中国文化的"乐"之教，不是追求欲望的满足，而是为了"反
人道之正"。乐，是一种体现宇宙、自然、社会、人生的有节有序、
和谐统一的快乐（祁海文《儒家乐教论》）。"君子乐得其道，小人乐得
其欲，以道制欲，则乐而不乱；以欲忘道，则惑而不乐。"（《礼记》）
在《礼记·乐记》中，乐是音乐的最高境界，只有超越乐曲、乐舞
才能更深地把握礼乐文化的意义。"知音而不知乐者，众庶是也。
唯君子为能知乐。"乐，包含着与个人生命与天地万物同在的充实
与祥和，它强调"行而乐之"，行即礼，礼乐同一。
　　礼与乐的关系，第一个是"礼主异，乐主同"：

乐者为同，礼者为异。同则相亲，异则相敬，乐胜则
流，礼胜则离。合情饰貌者，礼乐之事也。礼义立，则贵

贱等矣；乐文同，则上下和矣。(《礼记》)

礼乐文化中的礼，起到彰显各种社会关系的作用，过于强调，反而会产生疏远离异的倾向，造成一种等级森严的过度紧张，所谓"礼胜则离"。所以必须有东西来缓解这种紧张，这就是"乐"。同样的，过于强调"乐"，则关系混乱，容易产生各种流弊，所谓"乐胜则流"。礼与乐，是作用互补的。"乐是经，礼（制度文物）是纬，欲求大效，两者必兼。"(李安宅《〈仪礼〉与〈礼记〉之社会学的研究》)

礼与乐的关系，第二个是"礼外乐内"：

乐由中出，礼自外作。乐由中出故静，礼自外作故文。大乐必易，大礼必简。乐至则无怨，礼至则不争。揖让而治天下者，礼乐之谓也。(《礼记》)

礼的功能是使人得以"他律"，而乐的性质和功能是使人得以"自律"：

礼能够使人做到行为面貌的文饰有度，但外在的尊敬并不等于内在的无怨。乐所要达到的作用是培养化育人的内在情感，使人不仅因外在规范的约束而不争，更由内在感情的作用而无怨。(陈来《古代宗教与伦理》)

礼与乐，功能上都是强调秩序、强调和谐，同时沟通调和。功能目标一致，都是旨在促进个人生命、社会与政治、自然与宇宙的和谐，具有本体论意义。"大乐与天地同和，大礼与天地同节。和，故百物不失；节，故祀天祭地。明则有礼乐，幽则有鬼神。如此，则四海之内，合敬同爱矣。"(《礼记》)

礼的理性化倾向，决定了乐的理性化倾向。礼的作为，是针对人情进行节制，而乐的作用，是通过内在的愉悦体验，理顺人情的抒发。最终是调和感性，同样是为了理性对感性的修正与完善。虽然礼乐的"乐"与音乐的"乐"密切相关，但礼乐文明的"乐"是茶性的。

> 在儒家的礼乐理想中，礼宜乐和的互补关系还使礼乐二字的含义发生了重要的转化，"言而履之，礼也。行而乐之，乐也"。礼字除作为行为规范的意义之外，更重要的是与知能行的个人践履；乐字的含义转化得更加彻底，由外在的声舞之乐转化为内在的心理愉悦，音乐之乐转化为快乐之乐。(金尚理《礼宜乐和的文化理想》)

礼乐的乐，从体验角度看，强调的是一种内在愉悦的"乐"。这种内心愉悦的体验，可以从欣赏高格调音乐艺术的审美活动中产生，同样的，也可以从包括音乐在内的所有艺术门类的审美活动中产生，而且更重要的是，还可以从道德实践的审美活动中产生，因为，本质上礼乐的乐不仅仅是对音的纯粹听觉，不仅仅是一种单方面的情绪感受，不仅仅是心理上的一种状态体验，礼乐的乐，更是心理深层的对自我生命状态的人生认同，是对人性的调理和完善过程中的自我肯定，这种愉悦感，是一种人生的大愉悦，是对自我存在于此世间当下的、即时的、全面的、最深层的审美体验。

> 仁之实，事亲是也；义之实，从兄是也；智之实，知斯二者弗去是也；礼之实，节文斯二者是也；乐之实，乐斯二者，乐则生矣；生则恶可已也，恶可已，则不知足之蹈之，手之舞之。（《孟子》）

礼乐文明的乐，看重的是这种关联着自我生命最深层幸福、价值、意义的人生进步、人格完善、生命圆满的"乐"。这不是情绪波动层面的简单的一时快乐。这种"乐"状态，表示着礼乐文明的礼真正实现了自身的作用，表示着人这种生命在不断充满意义。礼与乐，对人的生命存在都是不可或缺的要素。"礼乐不可斯须去身。"（《礼记》）

奠定礼乐文明"乐"思想的《礼记·乐记》，充分展示了对"乐"的重视，这种态度，在历史中被中国文化始终继承。王阳明的弟子王艮对王阳明"乐是心之本体"的提法进行发挥，明确提出，应当把"乐"看作儒家人生在世的目的与最终境界。

中国文化之所以发展出这种主张，是与儒家道学先驱周敦颐对道学奠基人程颢、程颐兄弟二人的教育有关。

北宋周敦颐，是学术界公认的道学开山鼻祖，《宋史》评价极高。其思想世称"濂学"。程颢与程颐为同胞兄弟，世称"二程"。"二程"其家历代仕宦，早年受学于周敦颐，宋神宗时建立起自己的思想体系，世称"洛学"。

儒家关于传道系统的学说。唐代韩愈仿照佛教诸宗的法统，在《原道》中提出儒学之"道"的传授系统。他认为"尧以是传之舜，舜以是传之禹，禹以是传之汤，汤以是传之文武周公，文武周公传之孔子，孔子传之孟轲"。韩愈以孟子继承者自居。宋代朱熹将韩愈儒道传授系统的思想概括为"道统"，但把韩愈排除在外，认为上继孟子的是程颢和程颐。

《论语》中记载，孔子的弟子颜回生活贫困不堪，但并没有影响他内心学道的快乐，孔子曾对此十分赞叹。程颢后来回忆早年周敦颐对他的教诲时说："昔受学于周茂叔，每令寻颜子仲尼乐处，所乐何事。"此后，"寻孔颜乐处"成了宋明理学的重大课题。（陈来《宋明理学》）

心理体验的"乐"成为寻找孔子、颜回安身立命所在的门径。

中唐掀起儒家复兴运动的韩愈，开启了儒家"道统说"的理论，从此以后，成圣成贤成为儒家人士的理想。周敦颐对这种理想的表述是"圣希天，贤希圣，士希贤"（《周敦颐集》），他认为，一个儒家学人应当把成为圣贤作为自己一生希望达到的理想。具体而言，就是要"志伊尹之所志，学颜子之所学"（《周敦颐集》），一个儒家弟子，社会事业要以古代的伊尹为榜样致力于国家的治理与民众的幸福，而自我修养要以颜渊作为学习的典范去追求孔子那样的圣人精神境界。前者是外王，后者是内圣，这就是所谓儒家应当追求的"内圣外王之道"。外王是否实现，往往受历史环境限制，但是，内圣，是每个人都可以努力的。

> 颜子"一箪食，一瓢饮，在陋巷，人不堪其忧，而不改其乐"。夫富贵，人所爱也，颜子不爱不求，而乐乎贫者，独何心哉？天地间有至贵至富可爱可求而异乎彼者，见其大而忘其小焉尔。见其大则心泰，心泰则无不足。无不足，则富贵贫贱，处之一也。(《周敦颐集》)

照周敦颐的上述观点，颜回达到了某种超乎富贵的人生境界，拥有了一种不被世间人所不堪的贫贱所影响的"乐"，这种状态的人生，内在自知着"乐"的体验，是生命应当追求的最高境界。

这种生命的状态，是追求的根本，"乐"是这种状态的必然副产品，程颐与他的弟子就此问题讨论时说：

> 鲜于侁问伊川曰："颜子何以能不改其乐？"正叔曰："颜子所乐者何事？"侁对曰："乐道而已。"伊川曰："使颜子而乐道，不为颜子矣。"(《二程集》)

就是说，所谓的"乐"，不是去乐什么道，而是人达到了与道为一的境界时所自然而然发生的精神的内在愉悦。儒家后学曹端对此观点的解释是："孔颜之乐者，仁也。非是乐这仁，仁中自有其乐耳。"(黄宗羲《明儒学案》)一个儒者追求的应当是这种人与道合一，而不是追求这种乐，如果把道当成去乐一乐的对象，那么反而降低了"乐"的精神境界。

　　儒家道学对"乐"思想的发挥，是否改变了孔子的原意从而离经叛道呢？这个问题本身的任何答案，都只是研究比较儒家先辈与后学的同异，并不能证明宋明理学的非正统，因为，宋明理学本身就构成儒家思想自身的主流，就代表并构成着主流中国文化的正统本身。由清代学者开始并在近现代不断发展的新儒家，尽管不断尝试"回到孔子"，但是，谁又能真的忽视宋明理学的价值呢？

　　周敦颐要求二程兄弟回答"寻孔颜乐处，所乐何事"这个问题。

<blockquote>
　　从回答这个问题开始，就进入了道学的门径。从理论上回答这个问题，这就是懂得了道学。从实践上回答了这问题（不仅知道这种乐，而且实际感到这种乐），这就进入了道学家所说的"圣域"。（冯友兰《中国哲学史新编》）
</blockquote>

　　人类应当追求什么样的幸福？佛教给予"极乐世界"的答案，道教给予"长生不死、洞天福地"的答案，儒家则倡导这种"圣域"，认为这才是不寄希望于虚妄的未来、直接在现实生活中追求幸福的可行道路。做一个合乎人的标准的完全的人，做一个真正的人，达到"圣域"，将自然拥有"乐"的结果。

　　"乐"的价值，无论我们如何重视也不为过。我们需要了解它

曹端（1376—1434），字正夫，号月川，河南渑池人。明初著名的学者、理学家。其学以躬行实践为务，而以存养性理为大端，对理学重要命题多有修正、发挥，被推为"明初理学之冠"。

的真实面目。

二

进入"圣域"的儒者必然内在伴随着"乐"这种美好体验，但是，并不是有了美好内在体验的人，就是达到"圣域"的儒者。

王阳明的重要弟子王艮，早年把任道成圣作为自己的终生理想，手不释卷，对经典熟悉到"信口谈解"的程度，他还闭关静思、默坐体道，有一天夜里做梦，梦见天塌了，天下万民求救，自己伸手支起了天，重新恢复了星辰的秩序。梦醒之后，他浑身冒汗，感到自己"心体洞彻"，从此认为自己已经悟道。按弗洛伊德梦的解析理论，可以很明确地确认他不过是潜意识的梦境体现而已。后来他跟从王阳明学习之后也证明，过去种种，很多都是狂妄自大罢了。

王艮早年的自得其乐是个虚妄，是因为他自己理性对道学的理解不足。但是我们需要引起关注的是：即使理性对真理认识充分，当事人的审美体验，会不会仍然只是虚妄的自以为是呢？审美这件事，真理性何在？

审美是一种体验，这似乎是理所当然的。但是在人类的知识史上，包括中国，从毕达哥拉斯学派和亚里士多德以来，相当长的一段时间，美学界都把审美活动看作是一种认知活动，以主观、客观的二分思维模式来对审美进行研究。

这种思维模式，到海德格尔开始转变。使用主观、客观的思维来看到美，就把"我"与世界分割开，人与世界成了两个东西，是彼此外在的关系，审美就成了某种认知过程。而在海德格尔那里，人融身于世界万物之中，沉浸于世界万物之中，世界由于人的"在此"而展示自己（叶朗《美学原理》）。萨特在《为什么写作?》一文中展示了这种思维模式。

> 我们的每一种感觉都伴随着意识活动，即意识到人的存在是"起揭示作用"的，就是说由于人的存在，才"有"（万物的）存在，或者说人是万物借以显示自己的手段；由于我们存在于世界之上，于是便产生了繁复的关系，是我们使这一棵树与这一角天空发生关联；多亏我们，这颗灭寂了几千年的星，这一弯新月和这一条阴沉的河流得以在一个统一的风景中显示出来；是我们的汽车和飞机的速度把地球的庞大体积组织起来；我们每有所举动，世界便被揭示出一种新的面貌。这个风景，如果我们弃之不顾，它就失去见证者，停滞在永恒的默默无闻之中。至少它将停滞在那里，没有那么疯狂的人会相信它将要消失。将要消失的是我们自己，而大地将停留在麻痹状态中，直到有另一个意识来唤醒它。（转引自柳鸣九主编《萨特研究》）

这种思维模式对主客二分思维模式的超越，开辟了一条对"美"

的本质的认识的新路：美既不在外，也不在内，而是天与人合而相生。

不存在外在于人的实体的"美"。柳宗元说："夫美不自美，因人而彰。兰亭也，不遭右军，则清湍修竹，芜没于空山矣。"前述萨特的观念与这种观念极为相似，美并不在外物，外物并不能单靠了它们自己就成为美（"美不自美"）的。美是离不开人的审美体验的。美不是天生自在的，美离不开观赏者，而任何观赏都带有创造性；美不是对任何人都一样的，同一种外物在不同人面前显示为不同的景象，具有不同的意蕴；而且，不同的时代、民族、社会阶层，审美情况是有差异的。

同样的，也不存在一种纯粹主观的"美"。朱光潜在论证他理解的"美的本质"的时候，提出"物"（"物甲"）和"物的形象"（"物乙"）的概念区分。他的意思是，同一个东西，就纯粹客观的状态而言，是"物"，然而一旦反映到人的主观中，就加上了主观的成分，在人的内心中，是"物的形象"。

> 物甲是自然物，物乙是自然物的客观条件加上人的主观条件的影响而产生的，所以已不纯是自然物，而是夹杂着人的主观成分物，换句话说，已经是社会的物了，美感的对象不是自然物而是作为物的形象的社会的物。美学所研究的也只是这个社会的物如何产生，具有什么性质和价值，发生什么作用；至于自然物（社会现象在未成为艺术形象时，也可以看作自然物）则是科学的对象。（《朱光潜美

学文集》)

正如马祖道一所说的那样："凡所见色，皆是见心。心不自见，因色故有。"（《五灯会元》）外界的物，本身是科学的研究对象，但它也是内心的产生美的原因，它结合人的内心的情况产生了内心物的形象，自己的心，感应自己心内物的形象，产生了美感。

美感是审美活动进行时的自心感受，这是一种内在的体验。所谓"体验"，根据伽达默尔《真理与方法》中的研究，这是一种跟生命、生存、生活密切关联的经历，"生命就是在体验中所表现的东西"，同时，体验是一种直接性，"所有被经历的东西都是自我经历物，而且一同组成该经历物的意义，即所有被经历的东西都属于这个自我的统一体，因而包含了一种不可调换、不可替代的与这个生命整体的关联"。再有，体验又是一种整体性，"如果某物被称之为体验，或者作为一种体验被评价，那么该物通过它的意义而被集成一个统一的意义整体"，"这个统一体不再包含陌生性的、对象性的和需要解释的东西"，"这就是体验统一体，这种统一体本身就是意义统一体"。

在美学领域，美感通常也被称为"审美经验"或"审美感受"等。伽达默尔认为："审美经验不仅是一种与其他体验相并列的体验，而且代表了一般体验的本质类型"，在审美体验中存在着一种意义丰满，"一种审美体验总是包含着某个无限整体的经验"。这个意义丰满，"代表了生命的意义整体"。王夫之对此有过说明：

有已往者焉，流之源也，而谓之曰过去，不知其未尝去也。有将来者焉，流之归也，而谓之曰未来，不知其必来也。其当前而谓之现在者，为之名曰刹那（谓如断序一丝之顷），不知通已往将来之在念中者，皆其现在，而非仅刹那也。（王夫之《尚书引义》）

王夫之（1619—1692），字而农，号涢斋，别号一壶道人，湖南衡阳人。晚年居衡阳之石船山，世称"船山先生"。明末清初杰出的思想家、哲学家、与方以智、顾炎武、黄宗羲同称明末四大学者。王夫之学问渊博，对天文、历法、数学、地理学等均有研究，尤精于经学、史学、文学。

美感是"现在"，就是当下的直接的感兴，就是意义丰满的完整世界。身之所历、目之所见、心目之所及，这就是体验的最原始含义。时间距离小至于零，就是瞬间，人生就生活在瞬间中，瞬间实际上没有"间"，它背向过去，也面向未来，丝毫不停滞，生生不息，世界、历史由此"形成了一个无尽的、活生生的整体"（张世英《哲学导论》），人，超出了自身融身于世界，人生有了丰富的意义和价值，而不致成为过眼云烟。

海德格尔在《艺术作品的本源》一文中尝试认识艺术之谜，他发现，艺术作品本身除了是一种制作的物以外，还把别的东西公之于世，作品是比喻，作品是符号。"艺术的本质或许就是：存在者的真理自行设置入作品。"（海德格尔《林中路》）海德格尔认为，真理发生的方式之一就是艺术作品的存在，这并不是说某种东西被正确地表现和描绘，而是宇宙万物最核心的本质——在海德格尔叫作"存在"——整体被艺术带入了无蔽状态，整个世界与生命的意义，因为一件艺术品而显现出来。

在作品中发挥作用的是真理，而不只是一种真实。刻画农鞋的油画，描写罗马喷泉的诗作，不光是显示——如果它们总是有所显示的话——这种个别存在者是什么，而是使得无蔽本身在与存在者整体的关涉中发生出来。鞋具愈单朴，愈根本地在其本质中出现，喷泉愈不假修饰，愈纯粹地以其本质出现，伴随它们的所有存在者就愈直接、愈有力地变得更具有存在者特性。于是，自行遮蔽着的存在便被澄亮了。如此这般形成的光亮，把它的闪耀嵌入作品之中，这种被嵌入作品之中的闪耀就是美。美乃是作为无蔽的真理的一种现身方式。（海德格尔《林中路》）

海德格尔在这里指出，人们通常把"真理"当作一种特性委之于认识和科学，把美和善区别开来，通常把美和善看作非理论活动的价值名称，但事实上，"美属于真理的自行发生"。

美感，加入了体验者自身的主观内容，因此，若是自以为是，那么就会产生王艮那种自欺欺人的误解。但是，美是现在、现成、显现真实的。审美体验是与生命、与人生紧密相联的直接的经验，是瞬间的直觉，是瞬间直觉创造的对世

杜夫海纳（1910—1995），现象学美学的主要代表之一。曾任普瓦提埃、巴黎等大学教授。后为法国《美学评论》杂志社社长。他的基本美学思想是肯定审美感知是人与大自然创造力的独一无二的接触。这种接触建立在同世界的联系的感受上，而不是建立在对这些联系的理解上（认识作用）。他认为审美对象和审美感知是不可分割的，只有艺术作品与审美知觉结合才会出现审美对象。

界真理的反应。它是真理的通道。

审美活动并不满足人的物质需求，而是满足人的精神需求，审美活动使人回到人和世界的最原初、最直接、最亲近的生存关系。杜夫海纳在《美学与哲学》中强调："审美经验揭示了人类与世界的最深刻和最亲密的关系，他需要美，是因为他需要感到他自己存在于世界。"如果没有审美活动，人就不是真正意义上的人。

人类，尤其是每一个活生生的个人，应当怎样达到自己生命的终极幸福？佛教提出戒定慧的"涅槃之路"，道教提出养生长生的"修仙之路"，儒家提出格物致知的"圣贤之路"，具体内容虽然不同，但从本质上而言，都必然伴随着审美体验，必然是某种"乐"之道。因为，真理的现身，就是美；美，就是真理现身的证明。达到生命的终极幸福，必定跟随"美"的指引。

三

在禅宗初祖达摩祖师面前，当时的弟子慧可提出了一个后世禅宗始终关注的核心问题，他向师父拜求："我心未宁，乞师与安。"可以说，整个佛教无非是求这个，求一个脱离无边轮回苦海的解脱。庄子撰写《逍遥游》，描绘人生应当是："藐姑射之山，有神人居焉。肌肤若冰雪，绰约若处子，不食五谷，吸风饮露，乘云气，御飞龙，而游乎四海之外；其神凝，使物不疵疠而年谷熟。"虽未尝理想化了，但追求的是"独与天地精神往来，而不敖倪于万物，不谴是非，以与世俗处。……上与造物者游，而下与外死生、无终始者为友"。孔子问志，几个学生各述己志，曾点说："莫春者，春服既成，冠者五六人，童子六七人，浴乎沂，风乎舞雩，咏而归。"孔子"喟然叹曰：'吾与点也。'"

人生，是个成长的历程，谁不是从小长大逐步融入世界？谁能不自我觉醒看到自己的人生？"自己是谁？是怎样？应怎样？能怎样？""我正在哪里？我该在哪里？我在往哪里去？我该往哪里去？我在怎么走下去？我该怎么走下去？""自己的生命究竟应该如何定位？"这些问题，如何能够弃之不顾？

所有的道，无非是求一个生命解脱的真理，求一个生命解脱的成就。

如果所有生命解脱之路，确实都必然合乎"乐"之道，那么，乐之道的修行，就当然可以引导我们走向自我的救赎。开启真理世界显现的"美（乐）"之道，是所有生命解脱达成救赎的共法。

中华"礼乐文明"主张：通过礼与乐不断地实践，是实现自我教化、实践生命解脱的根本之路。

> 礼乐不可斯须去身。致乐以治心，则易直子谅之心油然生矣。易直子谅之心生则乐，乐则安，安则久，久则天，天则神。天则不言而信，神则不怒而威，致乐以治心者也。致礼以治躬则庄敬，庄敬则严威。心中斯须不和不乐，而鄙诈之心入之矣。外貌斯须不庄不敬，而易慢之心入之矣。

故乐也者，动于内者也；礼也者，动于外者也。乐极和，礼极顺，内和而外顺，则民瞻其颜色而弗与争也；望其容貌，而民不生易慢焉。故德辉动于内，而民莫不承听；理发诸外，而民莫不承顺。故曰：致礼乐之道，举而错之，天下无难矣。（《礼记》）

礼乐是相辅相成的。

礼乐文明中的乐，是偏于理性的，但是，乐偏于理性的同时绝不抛弃感性，而且，达成人情的和顺，正是礼乐文明的根本目的和功能。礼在于达到外貌的"极顺"，在于针对行为的"治躬"；乐在于"治心"，目的是内心的"极和"。礼、乐分别从内外两个方面促进生命的人格发展。

乐也者，圣人之所乐也，而可以善民心，其感人深，其移风易俗，故先王著其教焉。（《礼记》）

礼乐文明认为，通过包括艺术修养在内的审美活动，人的审美境界能够得到不断提升。美，有着改造人性、提升人格的强大作用，"乐"有着感动人心的强大的作用。

夫民有血气心知之性，而无哀乐喜怒之常，应感起物而动，然后心术形焉。是故志微、噍杀之音作，而民思忧。啴谐、慢易、繁文、简节之音作，而民康乐。粗厉、猛起、

奋末、广贲之音作，而民刚毅；廉直、劲正、庄诚之音作，
而民肃敬；宽裕、肉好、顺成、和动之音作，而民慈爱；
流辟、邪散、狄成、涤滥之音作，而民淫乱。(《礼记》)

人心、人情，只有通过同样是感性的美，才能改造。美感，本质上
是一种精神愉悦的感觉，所谓"德音之谓乐"，杜夫
海纳将审美对象称为"灿烂的感性"，美感与生理快
感广义上是一类，而且心理学家罗洛·梅指出，性
爱高峰体验本身也是一种审美体验。礼乐文明的乐，
强调的是理性与感性的统一。

> 罗洛·梅 (1909—1994)，以存在主义哲学思想为基础的人本主义心理学家，也是存在心理治疗的代表之一。在心理学史上，梅是介于存在主义和人本主义心理学之间的桥梁人物。

其实西方文明也已经注意到，理性与感性是可
以统一的。即使是将文化类型以酒神和日神风格进
行区分的尼采，也认为它们二者对于完整的人类文
化而言都是重要的。古希腊神话中酒神狄奥尼索斯
和太阳神阿波罗，拥有同一个父亲——宙斯。缪斯九女神，是酒
神的侍从，被认为是艺术之神，但是，阿波罗同样喜欢音乐，与狄
奥尼索斯同样是音乐的保护神。不同的是，狄奥尼索斯喜欢的是
下里巴人，以排箫为象征；阿波罗喜欢的是阳春白雪，以七弦琴为
象征。

礼乐文化，既指出了乐立足于感性，同时也指出，融合理性的
乐，是美，是超越。奠基"乐"的基础概念的《乐记》，认同"乐"
这种内心产生的审美体验与音乐艺术形式密切相关："乐者，音之
所由生也；其本在人心之感于物也。"同时，《乐记》也强调"乐"

的超艺术的审美体验，"夫乐者，与音相近而不同……此之谓德音。德音之谓乐"。

礼乐文明的两个要素，是相辅相成的。"乐，内也。礼，外也。礼乐，共也。"（《郭店楚墓竹简》）礼的作用就是提供一种规范和训练，规定各种行为、举止、次序、位置、服饰、器物、宫室、称谓等，即一套礼制，同时，按照这些规定不断练习、反复施行，即所谓"演礼"。这个过程即"治躬"。更重要的是，在这个过程中，要用"乐"：使用哪些音乐与乐器、乐工人数、乐器摆放、歌唱吟诗舞蹈等，十分讲究。

所谓用乐，指的是需要借助使用包括艺术欣赏在内的审美活动，但是，这些艺术活动，是渡河的筏，目的在过河。礼乐的乐，不是音乐本身，不是艺术作品本身，不是艺术活动本身，不是参与审美事件本身，就事件而言，这些不过是附庸风雅。

> 《乐记》的"乐者，乐（满足）也"与"乐也者，情之不可变者也"颇可与《仲尼燕居》的"行而乐之，乐也"互相发明。礼（解作忠信时）既不必以"铺几筵，升降酌献酬酢"（节文的礼）为必要条件，则乐（解作心理态度时）也不必以"行缀兆，兴羽籥，作钟鼓（乐之有所凭借的表现，或有器的乐）"为必要条件。（李安宅《仪礼与礼记之社会学的研究》）

礼乐的乐，根本上讲，是有内在目的的动态行动，是追求心灵感受的实践行为，是通过包括音乐在内的各种艺术行为实现内在的审美，是将普通的生活过程以审美的指向实践的行为艺术。

审美如果追求"现在进行时"，那么就是儒家倡导的礼乐文明的"乐"。

> 天不靳以其风日而为人和，物不靳以其情态而为人赏，无能取者不知有尔。"王在灵囿，麀鹿攸伏；王在灵沼，于牣鱼跃。"王适然而游，鹿适然而伏，鱼适然而跃，相取相得，未有违也。是以乐者，两间之固有也，然后人可取而得也。(王夫之《诗广传》)

美无所不在，只是缺少发现，而且，更缺少追求。如果我们时刻保持海伦·凯勒《假如给我三天光明》中描绘的精神，世界哪里会不存在美？什么不产生"乐"？

作为人，就意味着有一个"自我"，作为自我，就意味着与自身、与世界的分离，这种分离，就意味着"自我"处境的焦虑，割裂主体与客体的自我，永远摇荡在生命的万丈深渊中，没有立足之处（阿部正雄《禅与西方思想》）。然而，"宇宙不曾限隔人，人自限隔宇宙"（《陆象山全集》），世界万物与人的生存和命运是不可分离的，世界万物由于人的意识而被照亮、被唤醒，在美与美感同一的审美观照中，世界如它本来存在的那个样子呈现出来，人，在美的瞬间，实现自己命运的意义与真实。

　　美（意象世界）一方面是超越，是对"自我"的超越，
是对"物"的实体性的超越，是对主客二分的超越，另一
方面是复归，是回到存在的本然状态，是回到自然的境域，
是回到人生的家园，因而也是回到人生的自由的境界。美
是超越与复归的统一。（叶朗《美学原理》）

　　礼乐文明的"乐"，是一个修养与领悟的渐进过程，因为审美
能力本身，只有通过审美实践过程，才能不断加强与提升。只有不
断进行审美的追求，才能不断自我教化，才能逐渐领悟并达到生命
的"圣域"。

　　从表面上看，似乎这个世界是我们共同拥有的，实际上，各人
的世界，每个人都不相同，因为，世界对每个人的意义并不相同。
（冯友兰《新原人》）这种不同，是因为每个人的精神境界、心灵境界
不同，这凝聚为我们的人生境界，就是我们的人格。

　　境界是一种导向。一个人的境界对于他的生活和实践
有一种指引的作用。一个人有什么样的境界，就意味着他
会过什么样的生活。境界指引着一个人的各种社会行为的
选择，包括他爱好的风格。（叶朗《美学原理》）

　　人生的尽头可以走到哪里？内心的灵魂是否还有天堂？佛家提
出涅槃的归宿，仙家提出长生的期颐，儒家倡导圣贤的人生，是
耶？非耶？莫衷一是。但可以肯定的是，人生是前进的。无论此身

是否可以不朽，此心，是可以不断进化的。

> 每个人的境界不同，宇宙人生对于每个人的意义和价
> 值也就不同。……一个人的境界就是一个人的人生的意义
> 和价值。（叶朗《美学原理》）

礼乐文明的乐之道，向我们指出了一条自我进化的道路：依靠乐的指引，我们在前进，我们可以进化，我们可以升华，走向幸福，走在幸福之路上。

茶中路，以礼为杖、以仙为向、以禅为足为眼、以乐为张弛之度，这一条理性倾向的文明文化之路，融合着感性，超越理性与感性。"乐者，天地之和也；礼者，天地之序也。"（《礼记》）

海德格尔认为，真理乃是通过诗意创造发生的，一切艺术本质上都是诗。而这，才是我们生命之寄托处。

"人，诗意地栖居……"

下编

茶之中华大道

一

与茶结缘，三生有幸。原因很简单：礼乐之道，源在饮食，茶
乃是载道之事。

　　夫礼之初，始诸饮食。其燔黍捭豚，污尊而抔饮，蒉
桴而土鼓，犹若可以致其敬于鬼神。(《礼记》)

礼起源于食物，即使是很原始的燔烧黍稷、烹制猪肉，把地上
的坑当水壶，用手捧水来喝，敲击土鼓作乐，即使是这么简陋的方
式，也能够达到把人们的祈愿与敬意传达给鬼神的效果。

《礼记》的这段文字可谓人类对自身原始生存状态的文化记忆。
饮食，是祭祀活动中的重要因素，是祭祀活动发展出来的各种仪礼
规定的载体，是发展为礼乐文明的重要基础。饮食、祭祀、仪式、
礼乐，融为一体，孕育出礼乐文明。

当然，"礼"与"仪"并不是一回事。

我们现在所谓的"仪式"，大概相当于英语所谓的"rite""ritual"，
或者"ceremony"，原来专指与宗教信仰有关的形式化行为。社会

学家进一步引申，泛指任何有固定形式的，仿佛一成不变的，有规律地不断重复，而直接目标却并不十分明确的行为表现。社会人类学家普遍认为，凡人类社会都有可以称为"仪式"的东西。

仪式是礼的要素之一，比如《尚书·洛诰》"王肇称殷礼，祀于新邑"中的所谓殷礼，就是指殷人的祭祀仪式。就人类社会皆有仪式的意义而言，也可谓凡人类社会皆有礼。

其他人类社会中的礼仪活动，除了"仪"，也有其"制"、其"器"、其"乐"、其"教"、其"学"，甚至其"治"，可谓是一套"社会制度"，并非只有中国人才有可称为"礼器"及"礼乐"的东西。器物、音乐和舞蹈，在古代社会中往往都是仪式活动的重要组成部分，并非中国独有关于仪式活动的理论和学说。中国周代同样不自视"礼"是自家独有，周人有周礼，来源于夏礼、殷礼，夷人则有夷礼。《左传·僖公二十七年》："春，杞桓公来朝，用夷礼，故曰子。"梁家荣在《仁礼之辨：孔子之道的再释与重估》中指出，夷礼与周礼不合，但也是礼。

但是，在中国文明中，"礼"与"仪"的概念，明确得到区分，发展出专门的礼文明。这种区分，在春秋时代就已经开始。昭公五年的时候，去访问晋国。

> 公如晋，自郊劳至于赠贿，无失礼。晋侯谓女叔齐曰："鲁侯不亦善于礼乎？"对曰："鲁侯焉知礼！"公曰："何为？自郊劳至于赠贿，礼无违者，何故不知？"对曰："是仪也，不可谓礼。礼，所以守其国，行其政令，无失其民

者也。今政令在家，不能取也。有子家羁，弗能用也。奸
大国之盟，陵虐小国；利人之难，不知其私。公室四分，
民食于他；思莫在公，不图其终。为国君，难将及身，不
恤其所。礼之本末，将于此乎在，而屑屑焉习仪以亟。言
善于礼，不亦远乎？"君子谓叔侯于是乎知礼。（《左传》）

鲁国是周公的封地，保存周之礼乐最多。昭公二年晋国的韩宣子曾经感叹"周礼尽在鲁矣"，而仅仅过去三年，晋国已经开始了对礼的新思考。"礼"的观念在这个时候已经出现了突破性的变化，这种突破就在于注重"礼"与"仪"的区分。

在这个区分中，"礼"的意义渐渐发生了某种变化，礼不再被作为制度、仪式、文化的总体，被突出的是"礼"作为核心原则的意义。

吉也闻诸先大夫子产曰："夫礼，天之经也，地之义
也，民之行也。"天地之经，而民实则之。则天之明，因地
之性，生其六气，用其五行。气为五味，发为五色，章为
五声。淫则昏乱，民失其性。是故为礼以奉之：为六畜、
五牲、三牺，以奉五味。为九文、六采、五章，以奉五色。
为九歌、八风、七音、六律，以奉五声。为君臣、上下，
以则地义。为夫妇、外内，以经二物。为父子、兄弟、姑
姊、甥舅、昏媾、姻亚，以象天明。为政事、庸力、行务，
以从四时。为刑罚、威狱，使民畏忌，以类其震曜杀戮。

为温慈、惠和，以效天之生殖长育。

民有好、恶、喜、怒、哀、乐，生于六气，是故审则宜类，以制六志。哀有哭泣，乐有歌舞，喜有施舍，怒有战斗。喜生于好，怒生于恶。是故审行信令，祸福赏罚，以制死生。生，好物也；死，恶物也。好物，乐也；恶物，哀也。哀乐不失，乃能协于天地之性，是以长久。

礼，上下之纪，天地之经纬也，民之所以生也，是以先王尚之。故人之能自曲直以赴礼者，谓之成人。大，不亦宜乎！（《左传》）

这番话具有非常重要的意义。第一，"礼"是天、地、人的普遍法则，这是广义的礼。第二，"礼"是人世社会仿效自然的法则而建构的，这是狭义的礼。第三，"礼"的诸种规定都是与自然存在的类型和节度相对应的，如天地有六气、五行、五味、五声等，礼便设有种种规则"以奉五味""以奉五色""以则地义""以象天明"。第四，礼是法则，不是仪节。是否尊奉"礼"，是一个人算不算成年人的标志。

这些观点，在当时已经基本是时代的共识。上文这段话发生在昭公二十五年：

时孔子三十四岁，"三十而立"。可见，在春秋后期，"礼"与"仪"的分辨越来越重要。礼与仪的分别，用传统的语言来说，就是"礼义"与"礼仪"的分别。礼仪是礼

制的章节度数车旗仪典，而礼义则是指上下之纪、伦常之
则，是君臣上下、夫妇内外、父子兄弟、甥舅姻亲之道所
构成的伦理关系原则。"礼政"是礼制系统中包括政治、行
政、刑罚等统治手段的政治原则。礼与仪的分别，在后来
的《礼记》中则表达为"礼之本"和"礼之文"的区别。
"本"表示根本性的原则，"文"是指原则借以表现的具体
形式。（陈来《春秋时代礼乐文化的解体与转型》）

"礼"是原则、法则，"仪"是形式、载体。"仪"字的本意，泛指
人的仪容和仪表，尤其是可仿效的仪容，包括容貌表情、行动进
退、声音语言等。施舍、进退、周旋、容止、作事、德行、声气、
动作、言语，统统属于"威仪"。这些形形色色各种活动里的各方
面的规矩，是"礼"。

"礼"与"仪"，既不同又统一。礼，包含仪式的意义在内。仪
式的特点之一，就是预先指定了一套特定的行为表现模式，让参与
者基于各自的身份和地位，按照相应的行为模式来行动。礼，作
为原则，就在仪式化行为的不断重复中，得到不断贯彻、实现和
体验。

礼，同样贯彻在器物等其他的载体中。礼乐文明特别讲究器物
的配合使用，透过器物的多寡、大小、轻重、纹饰的差别，实现礼
的贯彻。

"道寓于器，而后长存。舍乎器，何以知礼乐。"（石韫玉《独学庐
四稿》）礼乐文明的"乐"之道，开通了通向真理世界的道路。礼，

是乐的器，乐借礼而居。礼，回答了活在世界上的"人应当是什么"。仪，是礼的器，礼借仪而居。仪礼，礼乐文明中倡导的"冠礼、昏礼、相见礼、乡饮酒礼、丧礼、祭礼"，六大仪礼，构成中国的礼乐文化主体，对人生的各个阶段都作出了安排。

> 以饮食之礼亲宗族兄弟，以昏冠之礼亲成男女，以宾射之礼亲故旧朋友，以飨燕之礼亲四方之宾客，以脤膰之礼亲兄弟之国，以贺庆之礼亲异姓之国。(《周礼》)

昏冠礼，是指婚礼和冠礼两种，这是人生礼仪中的重要内容。冠礼，人生中仅有一次。昏礼、丧礼、祭礼，也不是生活中经常的内容，相见礼可以独立发生，但重要的相见礼，往往与饮食之礼一起实行。由此而言，饮食之礼，实质上是仪礼的最经常被经历的内容。

饮食之礼，载道尔。人欲赴礼者，能不重饮食之礼乎？茶之为饮，能无礼乎？能无道乎？

二

茶原产于中国，中国人很早就开始以茶作为饮品，古代就有"茶之为饮，发乎神农氏，闻于鲁周公"(陆羽《茶经》)的说法。据学者研究，我国的饮茶起源和茶叶初兴的地方，是在古代巴蜀。茶的发现与利用从史前就开始的看法基本可信。不过，最早茶是作为草药显之于世的，传说"神农尝百草，一日而遇七十毒，得茶而解"。大约战国或秦代发展为饮用。

　　茶的真正被利用是在武王伐纣、得巴蜀之师之后的四川，即茶树的原始生长与中华古代文明的结合地区。最早的确切史料出于《汉书·王褒传》。据《王褒传》记载：在西汉时期，成都已是一个茶叶的集散中心和消费中心。成都人不仅饮茶成风，而且在地主富家，饮茶还使用了专门的茶具。再从西晋张载的《登成都楼》一诗中对成都楼阁与饮茶美俗的同时赞美，及三国魏张揖《广雅》中对荆巴一带采茶作饼，煮时加葱姜的饮茶习俗的描述，可得知秦汉至西晋期间，四川一带是中国最早的茶叶生产和饮用的中心。（滕军《中日茶文化交流史》）

关于茶的原产地问题，近代国外有人提出印度起源说，对此问题我国学者做出了有力的回应，尤其是朱自振先生对此进行了总结，这个问题不再是个问题。

"神农得茶"说有学者认为是后人附会，但也有学者反驳，指出历代有类似记载。学界一般公认吴觉农先生"茶饮用最晚在秦代"的观点。

　　滕军指出，茶的饮用过程中，道教对中国饮茶风俗的形成起到了重要的促进推动作用。

　　道教追求长生，它的正式创立，不晚于东汉灵帝中平元年（184）。此时各地黄巾蜂起，虽然太平道、天师道还在不断发展，但老子已经被尊奉为神仙，《老子》《庄子》中长生的思想被道教徒依傍与传承（柳存仁《道教史探源》）。至晋室南渡（约320）后，葛洪的《抱朴子》论述长生的知识已经非常全面，其中，服食是非常重要的一项内容，服药被《抱朴子》看作是长生之本。

所谓服食，主要是通过服用特定的药物，以期达到祛病延年，长生不老甚至成仙的效果。

> 服食也叫服饵（"饵"也是食的意思），主要是一种内服外物，通过口腹与外部自然界进行物质交换的方术。（李零《中国方术考》）

这种观念是道教承袭前代而来的，远在最晚战国时期，就已经形成服食长生的观念，从战国的齐威王、燕昭王到秦汉的秦始皇、汉武帝，都沉迷于寻仙求药而大费周折。

服食的药物有两类：金石类药饵、草木类药饵。葛洪推崇金石类药饵，是金丹派道教的代表人物。但是，金石类的药饵价格昂贵，而且危险。魏晋五代服食寒食散，尽管名士风流、风度翩翩，但是也造成了大量的不良后果，尤其是唐代，至少五位皇帝之死与服食金石药饵有关。因此，早在南北朝时，道教领袖陶弘景弃金石、从草木，整理《神农百草经》，大力倡导草木类药饵。至唐代百岁道士孙思邈，草木类药饵成为道教关注的重点。

在道教的影响与倡导下，草木类药饵的服食逐渐日常化、嗜好化，形成中国特有的养生文化。中国人相信：通过长期服用某种食物，就能够逐渐吸收其中的精髓，这就是所谓食补，"吃什么就变什么或以形补形"。(李零《中国方术考》)四季养生，时令性服食，从元旦、三月三、端午、七夕、中秋、冬至、春节等，皆有安排，并且逐渐形成中国人的民俗特定节庆食物。

在李时珍之前，中国的草药学基本尊奉《神农百草经》的体例，将所有的药物分为三品：上品、中品、下品。上品药无毒，久服多服不伤人，而且有益身体，主养命；中品药主养性，无毒有毒需要斟酌；下品药有毒，主要为了治病，不可以久服。

茶，作为一种药物，被陶弘景列入上品药苦菜之下，认为其功效：久服安心益气，聪察少卧，轻身耐老。茶属于适宜久服、多服的养生药饵（《重修政和经史证类本草·菜部上品》）。

陆羽《茶经》中列举了大量前人对茶的赞美：《神农食经》"茶茗久服，令人有力悦志"；《广雅》"其饮醒酒，令人不眠"；华佗《食论》"苦茶久食益意思"；壶居士《食忌》"苦茶久食，羽化。与韭同食，令人体重"；陶弘景《杂录》"苦茶，轻身换骨，昔旦丘子、黄山君服之"，等等。陆羽将茶与人参相提并论，显然是继承传统，继续强调茶的养生价值。

服食草木类药饵的风俗，对中国人的生活产生了深远的影响，尽管唐朝之后道教服食风俗日渐衰落，但是，草木类汤剂药饵，开始日常饮料化、嗜好化。唐初新修本草时将茶列为单独条目降为中品药，有学者认为正是饮茶完全世俗化的证明：茶的神秘面纱已经揭去。

在长期而且广泛的服用中，一些草木类药饵被日常化、嗜好化。作为时令饮食而出现的阶段可视为从服食药饵向嗜好品过渡的时期。……其中一部分汤剂药饵逐渐转化为嗜好饮料，中国非酒精类饮料就起源于此。茶是其中的一种，发展成为中国最具代表性的不含酒精的饮料。（关剑平《茶与中国文化》）

六清即六饮，指水、浆、醴、凉、医、酏，后人用以泛指饮料。

因此，晋代的张载在《登成都白菟楼》诗中对茶赞美道："芳茶冠六清，溢味播九区。"认为茶是所有饮料中的第一。陆羽提出"茶之为用，味至寒，为饮最宜精行俭德之人"后，茶真正确立成为中国人的第一饮料。

近现代的学人，也多把茶的保健作用突出化，强调经现代科学研究证实，绿茶含有机化合物 450 多种、无机矿物质 15 种以上，这些成分大部分都具有保健、防病的功效。茶叶，尤其是绿茶具有非常明显的防癌作用。甚至建议，每日饮绿茶两次，每次 3 克，用 150 毫升开水冲茶便有防癌作用（田晓娜《茶道》）。

但是事实上，茶虽然无毒，但是它具有自己独特的气、味，对于不同身体条件的饮茶者来说，存在着是否合适的问题。在唐代，就已经有人注意到了饮茶的负面效果，甚至出现了因为饮茶，改变了很多人的身体体质，从而流行病也发生了变化。李时珍对与饮茶导致生病的分析非常值得重视，认为茶苦而寒，虚寒血弱的人并不适合久饮。近当代的茶人也越来越重视健康饮茶，饮茶越来越讲究配合身体与时令，盲目过量饮茶事实上对身体并没有益处，健康地饮用才最好（吴建丽《养生中国茶》）。

对茶的嗜好，全世界都难以抗拒。茶进入日本的最早记载是公元 805 年。17 世纪初期，不知是荷兰人还是葡萄牙人，第一次将茶带到了欧洲。1610 年，荷兰人开始正式将日本茶叶运到荷兰，进而输出到意大利、法国、德国和葡萄牙，从此饮茶在上流社会中流行。虽然 1658 年茶叶就进入了英国，但是直到国王与嗜好饮茶的葡萄牙凯瑟琳公主结婚，茶叶才在英国流行起来，并逐步发展出闻名世界的英国茶文化。茶随着殖民地的移民进入北美，纽约成为饮茶者的天堂。

作为饮食之一，茶自身拥有卓越的品质，只要时间允许，它自己就可以统治全世界。事实也是如此，茶，已经在全世界形成各种各样的饮食习俗。在日本，茶不但诞生出"日式茶道"，而且在生活中必不可少，日本人饮的大多是蒸青绿茶和瓶装乌龙茶，红茶也有，采用泡饮法，敬客或者饭后自饮，各种罐装茶也是生活中的伴侣。在韩国，饮茶之风 7 世纪就已经遍布全国，具有药用价值的汤，都被纳入茶的范围，几乎无物不能入茶，而且口味繁多得让人吃惊。在英国以及日不落帝国曾经影响的地区，英式下午红茶无所不在，有人说，英国人一生三分之一的时间都有茶陪伴。因为茶，英国人大力发展瓷器技术，甚至带动了欧洲的瓷器发展，世界十大瓷器（骨瓷）全在英国，法国瓷器则彩绘丰富，德国瓷器现代个性，欧洲的瓷器已经蔚为大观。

在国外，花草茶、水果茶，各种饮法，花样繁多。在中国本土更是如此。中华各民族发展出各种各样的独特饮茶习俗。(陈宗懋《中国茶经》)清饮，仅仅是汉族人的最爱而已。

同样的，配合茶的饮用，各种佐茶方法以及娱乐活动，世界各地也是风俗各异。比如在英国，茶室主要是个休闲场所，除了精美的茶具，各种甜点是不可缺少的。再比如，日本的茶道中包括各种茶点心，品尝各种茶食实际上在茶道程序中比饮茶的时间要多很多。

作为饮食文化的茶，可以饮用，也可以食用，或鲜、或干，或炒、或焙，或研、或磨，或直接用、或提炼，入菜、入药、入餐、入宴，各各不一。与之配合的各种点心等等，统而言之，都是茶食文化。茶食文化，保健养生、怡情休闲是其主题。

配合茶食文化的，讲究"四要""三法"。"四要"强调精茶、真水、活火、妙器。"三法"则在制茶法、烹茶法、佐茶法上做文章。时、节、器、水，造、别、器、火、水、炙、末、煮、饮，随茶而变，皆有章法，点泡之妙，存乎一心，以求茶味之至也。这是配合茶食文化的茶法文化，讲究美食美器。

茶的享用，当然也要讲究。喝茶的时候，或茶摊、或茶室、或茶馆，林中、河边、草地，独饮、对饮、品饮、聚饮，茶宴、茶会、茶话会，斗茶、分茶，有术有技，有制有序，用器用水，助兴辅会。饮茶过程中，兴之所至，诗文歌赋、琴棋书画，茶香留韵，因茶缘起，求乐求趣。这是所谓的茶艺文化，可以让喝茶的过程宾主和睦，其乐融融。

既然是饮食文化，当然食不厌精、脍不厌细，对于茶叶本身的品质要十分讲究。于是，要科学地种植品鉴、分解试验、分科判种、据实立说。这是所谓的茶学文化。

茶食、茶法、茶艺、茶学，已经不仅仅停留在饮食领域，开始涉足精神领域。但是，如果仅仅如此，所谓的茶文化，不过仍然是饮料层面、嗜好品层面的文化。在这个层面上，茶，顶多是风雅的装饰品、生活的点缀，并非生活的必需，不过如此罢了。

茶，仅仅只能如此吗？突破嗜好品层面的茶，才可能入道、载道。

三

礼乐文化，道寓于器，载于饮食，茶是与礼乐之道是相通的。

饮茶活动的程式化，独具特色的茶宴，最晚在东晋初年的时候就已经完成。陆羽《茶经》"七之事"篇收录了东晋陆纳的事迹：

> 陆纳为吴兴太守时，卫将军谢安尝欲诣纳，[原注：《晋书》以纳为吏部尚书。]纳兄子俶怪纳无所备，不敢问之，乃私蓄十数人馔。安既至，所设唯茶果而已。俶遂陈盛馔，珍羞必具。及安去，纳杖俶四十，云："汝既不能光益叔，奈何秽吾素业？"

谢安是一流门阀士族的子弟，当时的名士，在他童年的时候，就得到前辈的赞誉，青年时又得到名流领袖王濛的器重，在当时独领风骚。同样是门阀贵族的陆纳，要招待谢安的时候，采用茶果为象征的茶宴，显然茶宴已经自成体系。他的侄子陆俶招致挨打，并不是不能理解茶宴本身，而是破坏了茶宴本身的简约特点，弄得太过丰盛，反而画蛇添足了。

魏晋时代的浪漫、旷达，总是让后人憧憬不已。士人精神与人生准则，淋漓尽致地反映在那个时代士人的言谈、举止、趣味、风尚中。风流名士，各领风骚。

> 烹茶有一定的程式，敬茶又已经形成礼仪规范，在烹茶、敬茶、饮茶的整个过程中，要求谈吐得体，举止优雅，因此饮茶具备风流的多种要素，是风流的一种。（关剑平《茶与中国文化》）

在晋代，风流名士，尤其是被视为表率的领袖积极参与饮茶。《茶经》收录的桓温就是代表。

> 《晋书》："桓温为扬州牧，性俭，每宴饮，唯下七奠柈茶果而已。"

桓温曾经溯大江（长江）之上剿灭盘踞在蜀地的"成汉"政权，又三次出兵北伐（伐前秦、姚襄、前燕），都取得了一定的成果。晚年欲废帝自立，未果而死。可以说他是中国最风度特异的时代中最风格特异的人。他既在政治上达到过权力的顶峰，也领导着时代的风流。

桓温使用的七奠柈茶果，内容如何，已经不得而知，但可以肯定是，这个茶宴集中了饮茶的礼仪规范。桓温与陆纳倡导茶宴，是与酗酒、奢侈、无责任感的时代风尚相对抗的。茶对酒，茶宴对酒宴，茶的俭约对酒的放纵，茶的清醒兴奋对酒的昏沉狂迷，茶的自我约束对酒的迷醉昏乱。

饮茶的风流在晋代形成以后，就在中国茶史中绵延不断。魏晋南北朝"任何阶层的饮茶均已礼仪化"，僧侣们也不例外。

茶进入了中国佛教徒的修行生活，中唐时代饮茶之风大兴（朱自振《茶史初探》）。除了得力于陆羽撰写《茶经》并大力推动茶文化，也是因为禅宗大力提倡饮茶所致（滕军《中日茶文化交流史》）。唐代《封氏闻见记》记载：

> 南人好饮之，北人初不多饮。开元中，泰山灵岩寺有降魔师大兴禅教。学禅务于不寐，又不夕食，皆许其饮茶。人自怀挟，到处煮饮。从此转相仿效，遂成风俗，自邹、齐、沧、棣，渐至京邑，城市多开店铺煎茶卖之，不问道俗，投钱取饮。

安史之乱以及唐武宗灭佛之后，禅宗大兴，随之饮茶也大兴。而且更重要的是，茶进入了禅宗的核心价值体系，提出"茶禅一味"的观念，茶与禅，是相通的。

圆悟克勤（1063—1135），宋代高僧。俗姓骆，字无著。法名克勤。声名卓著，皇帝多次召其问法，并赐紫衣和"佛果禅师"之号，后又赐号"圆悟"。五祖法演门下有"三佛"，其中之佼佼者，当首推圆悟克勤。克勤的弟子满天下，为临济宗杨岐派的发展，奠定了雄厚的基础。

至少在唐代名僧赵州从谂那里，参禅与茶，已经紧密关联。

一人新到赵州禅院，赵州从谂禅师问："曾到此间么？"答："曾到。"师曰："吃茶去！"又问一僧，答曰："不曾。"师又曰："吃茶去！"后院主问："为什么到也云吃茶去，不曾到也云吃茶去？"师唤院主，院主应诺，师仍云："吃茶去！"（《五灯会元》）

但是现在所知"茶禅一味"四字的出处，最早见于宋代中国禅僧圆悟克勤赠予日本弟子的"茶禅一味"四字手书（现藏于日本奈良大德寺），这可以看作是圆悟禅师对中唐至宋之世已形成的茶文化特色的较精辟的概括。

如果说，魏晋玄学时代，茶被礼仪化，被开始赋予精神化的内涵，这个时候还仅仅是世俗的礼仪化，还算不了能够上通大道，那么，禅宗的"禅茶一味"观念，就开始真正赋予了茶最高的精神地位。因为禅是可以实际地通向解脱的，但它过于抽象，而茶，是可以把捉的具象的载体。茶，成了通向禅境的通路。茶，是最高精神世界的人间象征。

茶是载道之事。在个人的人生中，可以起到至关重要的作用。人生在世，将经历各种各样的事情，将结下各种各样的缘分。

茶，具体在人生中与人结哪种缘呢？这需要我们来回顾一下人生的通常情况。

> 作为人就意味着是一个自我，作为自我就意味着与自
> 身及其世界分离，而与其自身及其世界分离，则意味着处
> 于不断的焦虑之中。这就是人类的困境。这一从根本上割
> 裂主体与客体的自我，永远摇荡在万丈深渊里，找不到立
> 足之处。（阿部正雄《禅与西方思想》）

在世俗生活中，在我们习惯主观、客观二分法所看到的世界
中，我们每个人的自我，都有三方面的事情不得不去经历，那就
是：际遇、气象、格局。

所谓际遇，是自己人生的遭遇或时运，涉及三方面的要素：世
态、风土、时局。

时代不同、文化不同、出身不同，主流社会价值观不同，或民
风淳朴，或世态炎凉，个人必须面对。十里不同风，百里不同俗，
风土人情习俗，个人同样要面对。大时代、大政治、大历史，个人
只是时局变迁汪洋中的一叶小舟，必须面对这些风雨。际遇，是社
会赋予人生的运命，不是个人人力所能决定的。好在个人还可以努
力从中顺势而为，是可以动态变化的。应对际遇的结果，就构成人
生旅程的大方向。

所谓个人的气象，是此人的社会角色与形象的综合，是个人当
前的人生现状。可以从人望、人面、人缘三方面进行评估。

同事、同学、朋友、亲人等社会家庭各方面对个人的评价与期

许，可谓人望。个人人际交往的广度、频度、深度，构成生活中的人面。自己与他人之间的关系是否融洽，处理人情世故是否到位，就是所谓人缘。人缘好、人面广、人望高，人生的社会生活环境就开阔，事半功倍。否则，就要付出更多的个人努力，才能达成自己的生活目标。个人的气象，是个人可以在生活中点点滴滴不断主动努力积累的，但在个人成人之前，人生的机遇就已经给个人营造了一个初始的气象，个人的人生起跑线是不同的。个人的气象，决定了人生旅途活动空间的大小，名与利的占有状态，是个人气象的外化表现。

所谓格局，是此人的身体与心灵的综合，是个人当前生命的现状。包括三个方面：材具、人品、人格。

材具就是可以直接发挥作用的人的才能、才华。可分为识、才、学、胆、力五方面。识，指见识，能见人所未见，识人所未识。才，指才干，已经具备的可应用的具体本领、具体技艺。学，指多知，知天知地，知古知今。胆，指胆魄，冒险精神等情商境地。力，指身体能力，以及意志力、控制力等情商素质。材具是可以后天培养的，各种知识、各种经历，都能够造就一个人的材具。

人品，指仁、义、礼、智、信的道德状况，是处理人情世故的生活准则。人品，可以通过教育逐渐培养，但根本上是个自我修养的问题，决定做君子还是做小人，与才能的大小没有直接关系。人终生所能奉行的道德，决非来自灌输，他所奉行的，只可能来自他心底深处对人生最根本的解悟、对生命的判断。

人格，根本上是自我的状态。人，是种不断成长的动物，幼年长成少年时，要经过生理断奶；少年长大成人时，要经历经济断奶；进入社会后，要经历心灵断奶。心灵不断成长，越来越不被他人左右，越来越有自己的成见，精神上越来越成熟。所谓人格，就是心灵成熟的状况、自我境界的完备程度，是自我的境界。

> 在表面上，似乎是诸人共有一世界；实际上，各人的世界，是各人的世界。"如众灯明，各遍似一。"一室中有众灯，各有其所发出底光。本来是多光，不过因其各遍于室中，所以似乎只有一光了。（冯友兰《新原人》）

就像一间房子中有多盏亮着的灯，似乎屋子中一片光明，事实上，是每盏灯都自己发着自己的光。这个世界也是这样，似乎我们拥有的是一个世界，事实上，每个人的人格都不同，他眼中的世界，事实上只属于他自己。人格，即自我自身品质，是生命生存的核心，人格的成长与发展，决定着生命的成长与发展。

佛说："一切诸法由食而存，非食不存。"（《增一阿含经》）际遇，以世态、风土、时局为食而存、而成长、而发展；气象，以人望、人面、人缘为食而存、而成长、而发展；材具，依读万卷书行万里路为食而存、而成长、而发展；人品，以仁义礼智信为食而存、而成长、而发展。那么，人格，即自我，以什么为食而存、而成长、而发展？

内心自我的成长，外力是帮不了的，因为内心的成长只能是自己真正成长，人生的自我，必须拥有一种方式去自己拿到"真"。

"美"，是真理的直接显现，美的不断实现与体验，是自我实现成长的唯一道路。在自我层面，只有美，才是生存的必需品，自我在进入并体验到"乐"，自我才存在、才真、才成长。自我，以美为食。

艺术，是获得"美"与"乐"的途径。但通常的艺术形式，专业素养的要求让很多众生望而却步。有没有一种可以由浅入深、步步生莲、亲近大众的入道之路呢？

作为载道之事的茶，显然就是众生皆可亲近的大法门。茶，可以与个人的内在核心、根本的自我内心结缘，为生命打开通向礼乐大道的大门。茶，并不仅仅是一种人类文明模式的象征，而且它自身就能实实在在地为"生命最不可触摸之关切"指明方向。

茶不仅仅代表了生活的方向、生命的方向，而且茶本身就是生活方向，就是生命方向。茶，不是生活的必需品，但它是生命的必需品。

通过茶，人人可以修行；通过茶，人人可以亲近美；通过茶，人人可以接近道；通过茶，人人有缘领悟真理；通过茶，人人有缘完善自我；通过茶，人人有缘获得解脱。

> 涅槃者以无放逸为食，乘无放逸，得至于无为。（《增一阿含经》）

不断浸润茶之事，无放逸，生命解脱可期之乎？人生与茶结缘，就打开了通向终极生命幸福的大门，是否能够真正进入，全靠自我的努力。

日本式茶道用自身的探索证明了：茶，确实是一种通向生命真道的载体。据说，日本幕府将军足利义政初次召见日式茶道初祖村田珠光，开门见山就问："茶事是什么？"珠光回答："茶非游非艺，实乃一味清净、法喜禅悦的境地。"将军继续问："那么该如何品饮呢？"村田做出了如下回答：

> "以茶道为礼，以礼而饮，大礼设食，小礼清饮。所谓饮者并非酒浆，鼎中盈溢的是溪谷的甘泉，炉中点燃的是池田的香炭，汉土的茶碗、高丽的花瓶，置于草屋茅庐以示陋巷之乐，聚石筑院以享深山之趣。壁间挂的是高僧大德的墨迹，举目而望以寻其道迹，让此心与祖师们同进退，自由畅游。花瓶中插上田野的鲜花，从中品味自然的雅趣。宾主以礼相接，来者无闭门之拒，别时无伤悲之苦，话语祥和，交往有如淡淡之水，游谊清净，胜似仙人，此乃君子之所贵，号为茶礼。"
>
> "你所说的道与礼的定义是怎样的呢？"
>
> "事物运行谓之道，在茶则谓之茶道；运行的次序过程则称为礼，饮茶则谓之茶礼。在一碗茶之中能够表现出禅的境界，是为草庵茶道之根本。"（转引自赵方任《日本茶道逸事》，千宗室《茶经与日本茶道的历史意义》）

据说足利将军听到这样的回答后，不禁拍案叫绝，立刻命令珠光和自己的亲信一起制定茶礼。于是，日本式茶道在村田珠光手中初步诞生了。

日本文化界对饮茶风尚传自中国毫不隐讳，但是很多人认为，日本人继承了中国宋朝将茶作为一种自我实现方式的传统，中国人自己因为宋元朝代更替反而丧失了这种传统：

> 对于后来的中国人，茶仅仅是一种可口的饮料，但决不是理想。国家的长期灾难夺去了他们品尝生命的意义的兴趣，他们变得现代化，即变得老成而又清醒。他们失去了对使诗人和古人永远年轻和生机勃勃的幻想的崇高信念。他们是一些折中主义者，温和地接受宇宙的传统。他们玩弄自然，但却不肯屈尊去征服或崇拜她。他们的茶叶带着令人惊异的花似的芳香，但是，在他们的茶杯中已经再也找不到唐、宋时代的茶道仪式那样的浪漫了。（冈仓天心《说茶》）

其实，大可不必如此悲观。因为，只要不离求道的本心，只要遵循礼乐的原则，只要坚持探寻美的真谛；就能创造出通向真理的茶道，让我们的生命诗意地栖居，助我们的生命实现超越，带我们的生命走向永恒。中国式茶道甚至西洋式茶道，都可以在人间诞生。

从历史文献看，"茶道"一词早在唐代就已经散见于各类中国文献了，事实上，日本式茶道，经历了很长一段有名无实的发展时期。

　　作为意味着吃茶之技法和精神理念的专门用语，"茶道"则是从 17 世纪中后期才开始出现在日本的文献中，而更广泛的使用却是在 19 世纪以后。在日本，经过几代茶人对"茶道"的取舍、创新，才形成了真正独具日本特色的"茶之汤"。即使是在今天，虽然很多茶文化的出版物均冠以"茶道"之名，新闻媒体也是习惯使用"茶道"的称呼，但就在"茶道"一词被泛用的同时，"茶之汤"也仍然被广泛地使用着。（张建立《茶道溯源》）

　　既然日本式茶道已经走在了前面，那么中华文明圈的其他文化为什么不争取后来居上呢？茶礼之道不兴，非茶远人，人自远尔。

　　茶礼，援礼入茶，或自修、或待客，中规中矩，合玄合禅，依茶成礼，借茶养德，据茶体乐，有妙味不取其味，无形迹自显其品，齐庄介介，洁静精微，怡情怡意，养心养性，化人入道也。此茶礼文化也。

一

茶化人入道有其准则，有如符契，得之则成，失之则错。

所谓"契"，犹如今之"契约""合同"。古时的契约分为左右两栏，主人持左契作为存根，客方执右契以为凭据，主客各执其一，合之为信。自古以左为主，为先天；以右为次，为后天。左契为本，故存于为主者一方；右契为末，故执于客方之手。结账之时，以此为凭，两契相合，以验其信。《老子》第七十九章有文：

　　和大怨必有余怨，安可以为善？是以圣人执左契，而

不责于人。有德司契，无德司彻。天道无亲，常与善人。

"执左契"之意，是说我处于先天无为之位，寂静不动，不责求于人，待人来责求于我。当持右契者来合契时，以契为信，见契而合，不论其人的善恶、贵贱、美丑，唯以契约为凭而已。执左契，是一种人合于我的先天自然状态。

这里的契约，就是"德"。也就是德充当信符。

　　茶是否能让人得道，有其诀窍，这就是茶礼的准则。这种准则，真正能够奉行贯彻，则让茶事成为茶道。否则，就成了摆摆样子、流于技艺罢了，即所谓的"无德司彻"。

　　日式茶道的"契"是千利休定下的。根据17世纪后期问世的《南方录》描述，千利休是日式茶道的集大成者，根据日式茶道有两条发展脉络：

> 　　一个是以侍奉幕府将军的能阿弥为首的贵族茶，其传承系谱是：能阿弥→右京（空海）→道陈→千利休；一个是以珠光为首的庶民草庵茶，其传承系谱是：珠光→宗陈和宗悟→绍鸥→千利休。这两条发展脉络都是在千利休这里汇合，因此才有了千利休乃日本茶之汤集大成者之说。

（张建立《茶道溯源》）

　　在千利休那里，确定了茶道的"四规七则"。所谓"四规"，就是"和、敬、清、寂"。"和"即出席茶会者，人人平等，要互相认可，彼此尊让；"敬"即主客互相承认对方的尊严、人格，要对对方的人格进行礼拜，有礼仪；"清"不仅是指环境的清洁，还包括净化心灵及发自净化了的心灵的言行；"寂"就是不因外界的变化而动摇的寂然不动之心境，涅槃，即大调和之世界。所谓"七则"就是：茶花要如同开在原野中、炭

千利休，织丰时代茶师。出身商人家庭，幼年开始学习茶道，18岁拜珠光的再传弟子武野绍鸥为师。珠光茶道的内容和形式仍然有中国茶的明显印记，绍鸥通过把连歌道引入茶道，完成了茶道的民族化。千利休则站在绍鸥的肩膀上，完成了对茶道的全面革新。

要能使水烧开、夏天办茶事要能使人感到凉爽、冬天办茶事要能使人感到温暖、赴约要守时、凡事要未雨绸缪、关怀同席的客人。(千玄室《茶之心》)

古代朝鲜茶礼，提出了以"清、敬、和、乐"或"和、敬、俭、真"四个字为原则的茶之契。中国儒家的礼制思想对朝鲜影响很大，儒家的中庸思想被引入茶礼之中，形成"中正"精神。创建"中正"精神的是草衣禅师张意恂（1786—1866），他在《东茶颂》里提倡"中正"的茶礼精神，指的是茶人在凡事上不可过度也不可不及的意思。也就是劝人要有自知之明，不可过度虚荣，知识浅薄却到处炫耀自己，什么也没有却假装拥有很多。人的性情暴躁或偏激也不合中正精神。所以中正精神应在一个人的人格形成中成为最重要的因素，从而使消极的生活方式变成积极的生活方式，使悲观的生活态度变成乐观的生活态度。这种人才能称得上是茶人，中正精神也应成为人际中的生活准则。(尹炳相《韩国的茶文化与新价值观的创造》)

在 1982 年，中国台湾的林荆南先生将茶道精神概括为"美、健、性、伦"四字，即"美律、健康、养性、明伦"，称之为"茶道四义"。范增平先生于 1985 年提出中国"茶艺的根本精神，乃在于和、俭、静、洁"。1990 年，浙江农业大学茶学专家庄晚芳教授在《茶文化浅议》一文中明确主张"发扬茶德，妥用茶艺，为茶人修养之道"，提出中国的茶德应是"廉、美、和、敬"，即廉俭有德、美真康乐、和诚处世、敬爱为人。中国农业科学院茶叶研究所所长程启坤和研究员姚国坤在《从传统饮茶风俗谈中国茶德》一文中主张，中国茶德可用"理、敬、清、融"四字来表述：品茶论理，理智和气；客来敬茶，以茶示礼；廉洁清白，清心健身；祥和融洽、和睦友谊。此外，中国台湾的周渝先生近年来也提出"正、静、清、圆"四字作为中国茶道精神的代表。

其实，用什么字眼来代表中国茶道的精神，并不是最关键的。最关键的是：这些代表茶道精神的字眼，是否真的能够指引我们超越生命？是否真的能够指引我们进入生命的理想国度？

因此，"什么是茶之契"的问题，经常会被人提出一个似乎是前提性的问题：是否真的有那个可以通过茶来与生命定下"契约"的道？同时，它也伴生另一个问题：茶之契凭什么确保能够指引生命发展从而配得上被称作道之"契"？

前者，是"生命的理想国度是否存在、如存在那么是什么"这一问题的翻版。后者，是"自我进化是否可能，如可能，如何可能"这一问题的翻版。关于前者，很多人认为是一个当然的前提，其实，它更可能是一个实践上的后置性问题，因为，在真正达到生命的理想国度之前，永远都是林中路旁的路标描述，只有达到了，才真正解决。

佛教对涅槃境界的描述，最能体现这个特色。《妙法莲华经》洋洋洒洒，但都没有直接讲出来。

这种对真理的不可言说，是因为语言自身的局限，"凡是能够说的事情，都能够说清楚，而凡是不能说的事情，就应该保持沉默"（维特根斯坦《逻辑哲学论》）。对于生命来说，只要方向准确了，前方会出现怎样的困难并不是现在要关注的问题，找到正确的道路向前进，这才更加重要。

既然我们知道了茶中有道、有仙、有禅、有礼、有乐，知道了茶可结缘，那么重要的是，我们要明确茶怎样实行结缘。因此，"自我进化是否可能，如可能，如何可能"这个问题更重要。

按照柏拉图的理解，哲学家的任务就是告诉人们应该怎样生活。在柏拉图那里，解决个人自己人生具体生活方式的任务，当然是哲学当仁不让的功能。在中国，圣人把这类学问称为"为己之学"。用于立足世间，所谓谋生、谋身、谋名、谋利、立功、立业，这是"为人之学"；用于拯救自我，所谓安心、安身、立命，这是"为己之学"。

现在这个时代，哲学已经显然不能承担这个任务了，虽然人生观问题仍然可以讨论。但是，实践的问题同样具体重要，改变命运的方法、知识，很多是技术性的，不仅仅是理论性的。我们需要有专门的学科研究这个问题。

既然科学的许多门类都是哲学分化出来的，那么，人类也应当理性、科学地建立一门新学科：**自我进化学**。

所谓自我进化学，本质上就是理论化、系统化、可应用的为己之学。如果"自我进化学"得以建立，那么这门学科的根本任务，自然是尝试解答"自我进化是否可能，如可能，如何可能"这一主题。这应当是一个专门为个人自身发展、进步甚至进化而建立的专门学科。

二

现实是，贯穿理性在内的科学——自我进化学，始终没有被作为专门学科从社会的层面建立起来。针对生理，我们有了医学、体育学科；针对心理，我们有了心理学；针对社会，我们有了社会学；但是针对独立个体人自身的人生，还没有被独立、科学地理论化、体系化地建立起来。

没有系统、科学的建立，不等于历史上没有相关的成果。"学科名称的历史和学科本身的历史是两个问题"（叶朗《美学原理》），事实上，自我进化学如果被建立，也必定基于对历史成果的梳理。从某种角度来说，全部的人类文明，就是人类挑战自我命运的累积，全部的挑战，就是在一步步地探寻并进行人类的进化——不仅仅是从生理上进化，更是从生命的意义上进化。

生命，当然是心理与生理的综合，从根本上而言，所有的进化，无非是生理与心理的整体或者部分进化了。因此，所谓自我进化学"自我进化是否可能"这个问题，首先是回答：是生理进化，还是心理进化？

以顺世论者为代表的彻底唯物主义，不承认脱离肉体而独立存在的灵魂。他们认为，随着肉体的灭亡，意识也同时消失，没有永恒。自我的幸福，就在于现世，把握幸福，就在于追求世俗的幸福。对于这一类人来讲，自我的进化，只可能是心理的。

持相反意见的人认为，自我能够超越生理意义上的生命。达到超越的过程，就是自己的自我进化过程。智慧解脱与因信解脱两条路，总体而言都是在讲精神可以超越生理，但生理本身还是会腐朽的。

在中文里，"悬搁"通常只在讨论两类思想的时候用到，一类是古希腊怀疑主义"悬搁判断"的表述；一类是现象学。古希腊怀疑论认为，就认识对象作出直接的或间接的判断都是不可能的，只能"悬搁判断"存而不论、放弃一切认识活动。现象学大师胡塞尔将"悬搁"这个术语引入自己的理论，来表示现象学对经验事实世界采取的一个根本立场，胡塞尔称之为"加括号"。在计算一道数学题时，可以把试题的某一部分放进括号里，暂时不顾及它，先解其他部分，然后再来解这一部分。这并不影

不过，有的人一边绝不敢寄希望于不可知，一边迷惘着是否还有来生，他们觉得：毕竟死后如何，未死者永远都不可知，只有死亡者自己知道。那么怎么办呢？儒家说，对于鬼神"敬鬼神而远之，可谓知矣"，关于死亡问题"未知生，焉知死"，先关注此生此世人生的圆满再说。子贡问孔子死人有知还是无知，孔子回答道：

> 吾欲言死者有知也，恐孝子顺孙妨生以送死也；欲言无知，恐不孝子孙弃不葬也。赐，欲知死人有知将无知也，死徐自知之，犹未晚也。（《说苑》）

孔子怕如果说死去的人还有意识导致孝子跟着去死，如果说死人没有意识，又担心不孝子孙不葬先人。子贡你今天问我孔子，如果真想知道答案，等你子贡慢慢死了就明白，那也不算太晚。显然孔子关注生时更重于关注死后。应当说，这是典型的哲学上的"悬搁判断"态度。

那么，儒家关注生时的什么呢？用宋明道学

的话讲，就是"内圣外王之道"。"内圣外王"一词最早出自《庄子·天下篇》。自宋以来，理学出现，随之开始用"内圣外王"来阐释儒学。汤一介先生认为"儒家学说中最有意义的部分就是'教人如何做人'"，他讨论了内圣外王之道思想从孔子到后来的发展过程，在总结了梁启超、熊十力、冯友兰的成果后，认为"内圣外王"确实是中国传统哲学之精神。

陈来先生认为，编定于西汉的《礼记》，应是孔子七十后学本于孔子思想的作品集。这本作品基本上奠定了内圣外王的格调和内容，正是从《礼记》中抽取的《大学》《中庸》构成了影响中国近一千年的"四书"中的重要两篇。《大学》篇首云：

响对整道题的解答，而且有时还必须这样做。胡塞尔企图通过把古往今来的思想观点和哲学主张放进括号里，存而不论，从而追求哲学绝对自明的开端。另外，这样做还可以防止转移论题，杜绝在解决问题的过程中重新运用未经审查的间接知识。现象学的悬搁包括两项基本内容：一是对存在加括号，二是对历史加括号，可以让哲学立场获得独立性和方法上的自由性，摆脱各种假设的干扰。现象学的"悬搁譬如"，追求让人们转向呈现在意识中的东西，回到事情本身。

> 古之欲明明德于天下者，先治其国，欲治其国者，先齐其家；欲齐其家者，先修其身；欲修其身者，先正其心；欲正其心者，先诚其意；欲诚其意者，先致其知，致知在格物。物格而后知至，知至而后意诚，意诚而后心正，心正而后身修，身修而后家齐，家齐而后国治，国治而后天下平。自天子以至于庶人，壹是皆以修身为本。其本乱而末治者，否矣。

　　这个被宋明道学反复讨论并发挥的"格、致、正、诚、修、齐、治、平"内圣外王道路，核心是修身，"壹是皆以修身为本"，中国人从孟子开始就相信每个人都能够达到圣贤的境界。

　　这个追求个人的圣贤成长的最终目的，是为了《大同篇》的理想。

　　　　大道之行也，天下为公，选贤与能，讲信修睦。故人不独亲其亲，不独子其子，使老有所终，壮有所用，幼有所长，矜寡孤独废疾者皆有所养。男有分，女有归。货恶其弃于地也，不必藏于己；力恶其不出于身也，不必为己。是故谋闭而不兴，盗窃乱贼而不作，故外户而不闭，是谓大同。

　　这个大同理想，同样体现在宋明道学对内圣外王之道的理解中。张载对这种理想的体悟与总结最为出色，他撰写的流传后世的《西铭》（这一段文字被简称为"民胞物与"）被历代道学家广泛认同。

　　　　乾称父，坤称母。予兹藐焉，乃混然中处。故天地之塞，吾其体；天地之帅，吾其性。民，吾同胞；物，吾与也。大君者，吾父母宗子；其大臣，宗子之家相也。尊高年，所以长其长；慈孤弱，所以幼其幼。圣，其合德，贤，其秀也。凡天下疲癃残疾、惸独鳏寡，皆吾兄弟之颠连而无告者也。于时保之，子之翼也。乐且不忧，纯乎孝者也。……富贵福泽，将厚吾之生也。贫贱忧戚，庸玉汝于成也。存，吾顺事；没，吾宁也。

张载提出的"四为句"，即"为天地立心，为生民立命，为往圣继绝学，为万世开太平"，广为传颂，可谓极大地发展了"志伊尹之志"的外王宏愿，成为中国文化倡导的理想人格标准。

儒家之倡导，不可谓不博大。但从本质而言，儒家尽管有孟子倡导的神秘的浩然之气，但儒家追求的圣贤是此岸的人，而不是彼岸的神仙，儒家的修身，倡导的是精神的进化。《孟子》强调，人活着在于尽心做人：

> 尽其心者，知其性也。知其性，则知天矣。存其心，养其性，所以事天也。殀寿不贰，修身以俟之，所以立命也。
>
> 莫非命也，顺受其正，是故知命者不立乎岩墙之下。尽其道而死者，正命也。

关于张载"四为句"的版本，常见版本包括南宋和清代各一种。南宋收录均作"为天地立心，为生民立道，为去圣继绝学，为万世开太平"。清代《宋元学案》引作："为天地立心，为生民立命，为往圣继绝学，为万世开太平"，流传较广，有说文天祥时已如此。

死了以后如何？自己死了以后自然就知道。通过自己的努力，人生活着无愧于心，"仰不愧于天，俯不怍于人"，死了也没有恐惧。

既然对于"自我进化是否可能"的答案如此种种不同，那么是否意味着——我们再次面临无所适从？

其实不然。因为，那是前人留下的林中路的路标，不是我们自己所走、所探出的林中路。

自我的生命，毕竟是一个体验的历程。活着，就是不断地经历生活，就是年岁不断地增长，就是生命不断地变化。内心里，就有一个自我，始终在自己心里，"此生此夜不长好，明月明年何处看？"生命在一天天老去，人如何能任由自我一天天随风而逝？自我如何能无动于衷自己生命的生老病死？

我们不是过去，也不是未来，我们不是人类的全部，也不是人类的代表，但是，我们每一个人都是活生生的人，自我，独立面对着展现在自己面前的世界，每个人的生命都是不同的，每个人的生命都是神圣的，每个人都只能自己超越自己的生命。

无论什么时代，无论人生运命如何，自我，都有着寻求幸福的需求与权利。无论什么处境，无论未来发展如何，自我，都有着守护幸福的需求与权利。

文明史上展现的自我进化道路各不相同，但无论哪一条路，从性质上而言都在走同一条路：都是实实在在地对自己生命从心理到生理进行修行。

尽管各个宗教体系对于修行、修道生活的具体法门不尽相同，但如其实行宗教修行，却一般总是要求修行者必须按照其宗教的教义信仰体系（教理、教法）来坚定其思想信仰、养炼其宗教情操、规范其语言和行为；只有通过这种种修习，才能最终实现其所追求的善果，达到该宗教孜孜以求的理想境界。宗教的修行则是达到和实现其理想境界的桥梁和手段。（吕大吉《宗教学通论新编》）

这是宗教学对各种宗教的"宗教修行"进行的概括，如果我们引申一下，把它看作是对自我进化的概括的话，那么我们可以说，自我进化的正确途径只在修行，无论如何，一定要通过修行，才可能落实自我的进化。

茶给我们准备了什么？第一，茶是载道之事；第二，仙、禅、礼、乐，居于茶中；第三，自我，以美为食。无论我们的生命是否可以超越，无论我们在此生此世中要追求什么样的幸福，我们都可以通过茶的修行，去尝试。

茶之道，并不限定我们信仰什么，它提供我们的，是一条可以修行的途径。究竟我们要信仰什么，茶之道，让我们自己在修行的过程中自己去选择。我们需要做的是：以茶为中心，建立一个真实的能够让美喂养自我的修行体系，然后，在其中尝试自我究竟能够进化到什么程度。

答案是什么，只有用一生的修行，才能知道。但可以肯定的是，我们一定要去尝试超越。

三

以茶为中心的修行体系，核心当然是茶的饮用，这必然涉及饮茶的器具、饮茶的场地、饮茶的程序、茶食的配置，等等，但最重要的，是在这个过程中如何实现修行。

这个修行的过程，是一个直面生命的过程，是一个必须全身心投入的过程，是一个在有限的时空里尝试发现并融入无限的过程。这个过程，或许可以起到社会交际的附属功能，但它本质上绝不是社会公关的交际，更不是娱乐游戏的聚会。

由中国茶文化孕育产生的日本式茶道，严格区分了茶事与茶会的不同。

> 大体上自 16 世纪中后期开始，随着日本茶道的形成和发展，文献中逐渐趋向于用"茶会"来称呼一般意义的饮茶，而将"茶事"限定为日本茶道的专用语。……简言之，"茶事"，就是食礼与茶礼的精美结合，即"茶事"不单包含饮茶，还伴有怀石料理的应酬，茶事的参加人数最多在 5 人左右，其更加重视和追求精神层面的内容；而"茶会"则多指单纯的饮茶，不伴有怀石料理的应酬，参加人数少可几十、数百，多可达几千，其重视的更多的是饮茶的社交性。（张建立《日本茶道与日本社会》）

茶事是追求高级精神内容的活动，茶会则是饮茶的社交活动，两者不是一个层面的。

如果非日本式的茶道要得到建立，那么必定同样要区分茶事与茶会的不同。茶事，是茶道的过程总称。交际性、娱乐性、聚会性的以茶会友，是人类生活中不可缺少的内容，但是，茶会不是茶事。茶事，是庄严的心灵的、精神的交流汇聚过程，是饮食之礼的施行与演绎，是载道之事。茶会或许是生活中不可缺少的内容，但是，只有茶事才能作为生命所不可缺少的内容。

茶事，是让我们有机会接触不可见真理世界的全身心投入的探索，是我们通过日常生活琐事努力开启的一扇大门，在这扇大门背后，是展示人生真谛的意境。

> 从审美活动的角度看，所谓"意境"，就是超越具体、有限的物象、事件、场景，进入无限的时间和空间，即所谓"胸罗宇宙、思接千古"，从而对整个人生、历史、宇宙获得一种哲理性的感受和领悟。(叶朗《美学原理》)

这种意境的意义非常重要，是我们生命突破自我的契机所在。

能够开启意境世界大门的，能够传递"美"、展示"美"的，并不仅仅只有艺术品，自然界风光霁月、社会生活日常琐事、科学探索技术工艺等领域同样如此。杜尚影响下的如波普艺术、观念艺术等很多后现代主义艺术流派，都提出了消除艺术与非艺术的区分的主张，其实本质上就是承认美的无所不作。但是，日常生活审美化，不是简单地把东西命名为"艺术品"，不是简单地倡导用审美眼光看待日常生活，不是高科技

马塞尔·杜尚（1887—1968），20世纪实验艺术的先锋，被誉为"现代艺术的守护神"，在绘画、雕塑、电影领域内都有建树。他的出现改变了西方现代艺术的进程。西方现代艺术，尤其是第二次世界大战之后的西方艺术，主要是沿着杜尚的思想轨迹行进的。了解杜尚是了解西方现代艺术的关键。

的社会生活虚拟化，不能取代审美人生的追求。茶的活动，既可以用于日常生活，又可以作为载道之器，我们必须把茶事与茶会区别开来。

当然，不是所有的审美都是茶事所追求的方向，因为美感是有层次的，对具体事物的美感不是对人生的感受，人生感、历史感不是对宇宙的无限整体和绝对美的感受，这是终极的美、最灿烂的美，在这个层次上，美具有了神圣性。

> 不是在美感的所有层次上都有神圣性，而只是在美感的最高层次即宇宙感这个层次上，也就是在对宇宙无限整体的美的感受这个层次上，美感具有神圣性。这个层次的美感，是与宇宙神交，是一种庄严感、神秘感和神圣感，是一种谦卑感和敬畏感，是一种灵魂的狂喜。这是深层的美感，最高的美感。（叶朗《美学原理》）

茶事是神圣的修行与探索，不是世俗的生活与享乐。所谓茶之契，就是通过茶事修炼自己开启、接触、体验、感悟这种宇宙美，从而探索超越自我生命之路的实践原则。

然而，对美的探索和体验，是带有历史性的，美感不仅有普遍性、共同性，而且有特殊性、差异性，不同时代、不同民族、不同阶级的人，美感的差异很大。不同于现代人用鲜花来装饰自己的生活，原始人以动物的骨头装饰自己的生活；不同于现代人以瘦为美，唐代女性以丰腴为美。在茶事中，我们必须防止世俗、时代的审美影响我们获得"超越自我、回到万物一体的人生家园而在心灵深处产生的满足感和幸福感"。我们需要让茶事自身就成为一件综合行为艺术作品,这件作品本身就是在做一种直接超越世俗的尝试。

> 诚然,艺术作品是一种制作的物,但它还道出了某种别的东西,不同于纯然的物本身,即 λλο ἀγορεύει。作品还把别的东西公之于世,它把这个别的东西敞开出来;所以作品就是比喻。在艺术作品中,制作物还与这个别的东西结合在一起了。"结合"在希腊文中叫作 συμβάλλειν。作品就是符号。(海德格尔《林中路》)

茶事需要像所有艺术一样,比喻出它所要表现的对象。既然我们追求的是对生命的超越,那么茶事所有的内容,都要为这个目标而努力。有限的时间、有限的空间,这是实现永恒必须超越的最关键的内容,要让"万古长空"显露在眼前的"一朝风月"之下,让永恒就在当下。因此,茶事必然是恰到好处的自然而然,不应当多一丝多余的东西,一旦有多余的东西,人为的痕迹就会凸显出来,就可能破坏对时空的超越。

因此,茶之契第一要则,就是"俭"。世间种种富贵繁华,在时间面前,莫非过眼云烟;人间种种英雄豪杰,在时间面前,莫非轮回中人;红尘种种惊天动地伟业,在时间面前,莫非沧海一粟。《老子》倡导俭的精神。

> 夫我有三宝，持而保之。一曰慈，二曰俭，三曰不敢
> 为天下先。慈故能勇，俭故能广，不敢为天下先，故能成
> 器长。

人和万物都一起处在变化不息的宇宙中，人的本性和其他一切自然事物是同一的。所有的人，所有的生物，所有的山川河流，都在一个共同的天地之中相互连接、相互协同着。生命与非生命的万事万物，都是神圣的。"五色令人目盲，五音令人耳聋，五味令人口爽，驰骋畋猎令人心发狂，难得之货，令人行妨。"（《老子》）过多地追求物质，享受各种颜色、声音、味道等，会使人眼瞎耳聋，口味败坏，心迷神昏，言行错乱。

《茶经》倡导"茶之为用，味至寒；为饮，最宜精行俭德之人""茶性俭，不宜广"，岂是偶然？洗净铅华、浮华，去除万物种种修饰；质朴无华，尽显万事本来面目。在茶事中的茶人，也要约束自我，去除自我的多余造作，与万物一体。

> 古之善为士者，微妙玄通，深不可识。夫唯不可识，
> 故强为之容：豫兮若冬涉川，犹兮若畏四邻，俨兮其若容，
> 涣兮若冰之将释，敦兮其若朴，旷兮其若谷，浑兮其若浊。
> 澹兮其若海；飉兮若无止。孰能浊以静之徐清？孰能安以
> 久，动之徐生？（《老子》）

消除事物的锋芒和纷杂，混合事物的光彩和形迹，"塞其兑，闭其门，挫其锐，解其纷，和其光，同其尘，是谓玄同"。（《老子》）一句话，就是去掉事物各自的特殊性，才能合同于"道"。

茶事场所要质朴，茶事器具要素雅，茶事过程要自然，茶事的饮食要清淡，茶事中人的言行要简约，茶事中的心灵要合一。这种质朴俭约，目的是去除过分与浪费，绝不是"缺乏""匮乏"，更不是"虚无"，而是恰到好处的自然而然。所谓的"俭"，可谓是一种开启了让人发挥"诚"之心的办法。

诚者，天之道也；诚之者，人之道也。诚者不勉而中，不思而得，从容中道，圣人也。诚之者，择善而固执之者也。博学之，审问之，慎思之，明辨之，笃行之。有弗学，学之弗能，弗措也。有弗问，问之弗知，弗措也。有弗思，思之弗得，弗措也。有弗辩，辩之弗明，弗措也。有弗行，行之弗笃，弗措也。人一能之，己百之，人十能之，己千之。果能此道矣，虽愚必明，虽柔必强。自诚明，谓之性；自明诚，谓之教。诚则明矣，明则诚矣。唯天下至诚，为能尽其性，能尽其性，则能尽人之性，能尽人之性，则能尽物之性，能尽物之性，则可以赞天地之化育，可以赞天地之化育，则可以与

参天地之化育，这是宋明儒家倡导的至高精神境界。宋明道学认为自然界的万物是相依相存的，同属宇宙生命的整体，是一体相通的，本无所谓内外、物我之别。人与万物不仅是平等的，而且是一个生命整体，万物就如同自家身体一样，不可缺少，更不可损害。儒家特别是宋明儒家认为：人的天职就是"赞"天地之化育，与天地并立而为三（参）。

157

天地参矣。(《中庸》)

不断地努力去"诚",不断地努力修行,达到"至诚",就能尽人的性、尽物的性,从而天人合一,参赞天地化育,实现生命的超越升华。能俭则能诚,能诚必由俭。要通过茶事过程的俭,尽可能让我们摆脱历史的局限,从而为我们开启无限世界的大门。

> 立本指确立根基、建立根本。《系辞》《传习录》均有强调。起用指运用、采用。宋明理学特别强调要学以致用的实践,但这种运用,是需要根基的。

我们需要从精神、身体、器物、场所上,尽可能达到"俭"的状态,因此,从静态"立本"的一面讲,我们要努力做到"净",这是茶之契的第二条要则;从动态"起用"的一面讲,我们要努力做到"敬",这是茶之契的第三条要则。

所谓"净",有心态、物态两个方面,通过清洁洒扫等行动,要让一切物态处于洁净的状态——清净之地,离开世俗的纷扰,是在历史长河中的永恒之地,超越现实时间与空间的独立时空中的圣地、胜境,犹如佛门的人间净土。从心态而言,佛教的禅定,道教的修炼,《大学》提出"大学之道,在明明德,在亲民,在止于至善。知止而后有定,定而后能静,静而后能安,安而后能虑,虑而后能得",周敦颐提出"圣人定之以中正仁义而主静,立人极焉",都是佛门原则"自净其意"而已。要而言之,可以从"净"入手,从物态到心态,进一步发掘"俭"的内涵,争取儒家指出的"洁静精微"的状态。

所谓"敬",就是主动构建心与心、心与物、物与物之间万物一体的关联。程颐把自己修学的方法总结为两句话："涵养需用敬，进学则在致知"，程颢在《识仁篇》中提出："学者须先识仁。仁者，浑然与物同体。义、礼、智、信皆仁也。识得此理，以诚敬存之而已。"茶事的过程毕竟是一个"饮食之礼"的动态过程，而礼的核心就在"敬"。"敬"让"俭"真正达成"诚"的结果。

"净"与"敬"，目的是让"俭"达到"至诚"的结果，"诚"是《中庸》指出的实现"赞天地之化育"的途径，它所要达到的目标是"至诚"的中和。

> 喜怒哀乐之未发谓之中，发而皆中节谓之和。中也者，天下之大本也；和也者，天下之达道也。致中和，天地位焉，万物育焉。(《中庸》)

《中庸》倡导的中和，与《易经》的思想是一致的，"乾道变化，各正性命，保合太和，乃利贞"。天道的大化流行，万物各得其正，保持完满的和谐，万物就能顺利发展。王夫之认为："太和，和之至也。"自然的和谐"元亨利贞"、人与自然的和谐"天人合一"、人与人的和谐"礼之用，和为贵"大同世界、人与自我身心内外的和谐"安身立命"等四个方面，就是太和。

天地和、天人和、人我和、自我和，中和、太和，可谓"和"。"和"是性情的统一，是理性与感性的统一，是安身立命走向民胞物与，是民胞物与走向保合太和，进而"赞天地之化育"与天地参，是生命的超越。宇宙万物的有机统一与和谐，伴随着天人合一之后的和谐之美。和，是茶之契的第四个要则，是"中国茶道"核心与目的。

　　选择什么样的字眼来准确表达通向"道"的实践原则，世人可以尽情按照自己的理解去选择，但重要的是，它们真的能汇通诸文明自我进化的成果，帮助我们探索超越生命，真的堪称茶之契。

　　我们选择的茶之契：俭，通仙学；净，通禅门；敬，通儒礼；和，通道乐。

一

　　一场茶活动是否可以称作茶事，除了要看"俭、净、敬、和"
的原则是否被贯彻，同时也要看是否有能够贯彻这四原则的载体。
道寓于器，无器则道不得以传。

　　道与器的问题在《老子》中就有所涉及，"道常无名、朴""朴
散则为器"，在《易经·系辞传》中则明确作为相应的概念提出。

　　　　乾坤其易之缊邪！乾坤成列，而易立乎其中矣。乾坤
　　毁则无以见易，易不可见，则乾坤或几乎息矣！是故形而
　　上者谓之道，形而下者谓之器。化而裁之谓之变；推而行
　　之谓之通；举而措之天下之民，谓之事业。

　　《系辞》认为，乾坤是易道精义蕴藏的处所，乾坤的作用如果
毁坏了，就无法来发现易道的精义；道与器是形而上与形而下的关
系，易道通过天地化育、裁成万物，称之为"变"；推广化育，使
万物顺利运作，称之为"通"；执持阳健阴顺、交感变通的道理来
安顿天下老百姓，称之为"事业"。

历史上对道的探讨汗牛充栋，专论器的则相对较少，但可以明确的是：器，并不直接就是自然物。《易·系辞》提出"观象制器"说，器是通过观物取象制作而成。象是什么？"圣人有以见天下之赜，而拟诸其形容，象其物宜，是故谓之象。"人依据"象"引申发挥并具体化、现实化，才是器。"见乃谓之象，形乃谓之器。"因为人的能动性，人造的物或者融入并构成人类社会的自然物，才是器。

> 器具既是物，因为它被有用性所规定，但又不只是物；器具同时又是艺术作品，但又要逊色于艺术作品，因为它没有艺术作品的自足性。假如允许作一种计算性的排列的话，我们可以说，器具在物与作品之间有一种独特的中间地位。（海德格尔《艺术作品的本源》）

我们生活于其中的世界，并不仅仅是个物理的世界，而且是有生命的世界，是人生活在其中的世界。胡塞尔提出并被海德格尔以及其他许多现当代思想家阐发的"生活世界"认为：我们的生命活动直接相关的"现实具体的周围世界"，是我们生活于其中的真正的实在。（胡塞尔手稿《自然与精神》）

生活世界是人的生存活动本身，它其中的物，不是简单的纯粹物，这些物都关联着历史性，关联着人的诞生和死亡、胜利和耻辱、忍耐和堕落，等等。就像海德格尔所说的，生活世界"从人类生存那里获得了人类命运的形态"，出自这个世界并在这个世界中，我们生活中关联的事物，在一定程度上，都是所谓的"器"。

> 天下惟器而已矣。道者器之道，器者不可谓之道之器也。无其道则无其器，人类能言之，虽然，苟有其器矣，岂患无道哉？……无其器则无其道，人鲜能言之，而固其诚然者也。（王夫之《周易外传》）

王夫之的这些论述是十分重要的，在他之前，从《系辞》对道器的讨论开始，韩康伯、孔颖达、韩愈、崔憬各有引申，宋明清各学术大家反复讨论，虽然在道与器具有密切关系这一点上具有共识，认同程朱理学提出的"器亦道，道亦器""有道须有器，有器须有道，物必有则"，但是，主流论调的道是体、器是用。从崔憬开始，南宋薛季萱开始认为器为体、道为用，但直到王夫之，才对道器关系有了真正更进一步的新认识：变道器为器道。道与器先后关系有了不同。

器是可以揭示道的，"如所存而显之"（王夫之《古诗译说》），器本身，可以展现生活世界的本原真实。这个时候，"器"就是海德格尔所认同的那种艺术作品："作品在自身中突显着，开启出一个世界，并且在运作中永远守持这个世界。"

儒家重视的礼乐，涉及大量的生活用品。这些用品，本身就构成了"礼器"。孔子重礼，自然重器，主要是礼器之器。《礼运篇》强调礼乐起源于饮食并不断发展和完善，伴随着礼的发展整个过程，均离不开各种器的发展和完善，如麻丝、布帛、台榭、宫室、牖户、鼎俎、琴瑟、管磬、钟鼓、簠簋、笾豆、铏羹，等等。可以说礼的大成与完备就是器的完善。

虽然王夫之的思想是清末才真正广泛流传开来，但清初以降的清代的仪礼学就已经开始了由"仪文器数"以求"礼意"，走"由器明理"的道路。清代姚际恒认为《论语》中讲的"持礼"就是要求通过持礼来修身。

> 其名以仪，实为至允。何则？辞让之心，礼之端也，仪则礼之委也。从委以求端，其于辞让也殆不远矣。礼者，所以律身，故《论语》曰"持礼"。不可尽以言传，其可以言传者，唯仪而已。或者以其规规于器数之末而少之，是焉知礼意？（姚际恒《仪礼通论》）

乾嘉学派遵循这条道路进行了发扬光大。"器者所以藏礼"（阮元《揅经室三集》），道寓于器，器以传道的思想成为清代礼学的真精神。

这种重器的思想，进一步发展成为章学诚的"六经皆器"的观点。

章学诚（1738—1801），清代史学家、文学家。章学诚倡"六经皆史"的论点，治经治史，皆有特色。

> 《易》曰："形而上者谓之道，形而下者谓之器。"道不离器，犹影不离形。后世服

夫子之教者自六经，以谓六经载道之书也，而不知六经皆
器也。(章学诚《文史通义》)

礼乐中的器，就是在担任并发挥着海德格尔所说"把别的东西
公之于世"的比喻功能，它开启一个新的世界。比如：鼎，在所有
礼器中，它是如此重要和神圣，连对它的询问都极其敏感，因为它
是世界所有权的象征，是天命的象征，它把天命的归属在人间公之
于世。

由此观之，一场茶活动中，茶仪、茶具，当然还有进行茶活动
的场地以及相关内容，都应当达到"器"的要求：具有艺术作品高
度的神圣性，打开另一个世界的大门，能够传递宇宙的无限整体和
绝对美的感受，尽可能营造终极的美、最灿烂的美，只有这样，才
能让这场活动成为"茶事"。

这种时候的"器"，与这种功能没有发挥出来的"器"相比较，
是两种不同的状态。在海德格尔那里，前者是艺术，后者是器具、
用具。在中国人的眼中，前者可以用狭义的"器"来称呼，后者则
仅仅是"具"——工具、用具罢了。

形而下的各种各样所谓的"具"，其实都有称为"器"的潜在
可能，关键看怎么展现出"器"的一面。

东郭子问于庄子曰："所谓道，恶乎在？"庄子曰：
"无所不在。"东郭子曰："期而后可。"庄子曰："在蝼蚁。"
曰："何其下邪？"曰："在稊稗。"曰："何其愈下邪？"

　　曰："在瓦甓。"曰："何其愈甚邪？"曰："在屎溺。"东郭
子不应。（《庄子》）

　　形而上的道是无所不在的，蝼蚁、瓦砾甚至屎尿这些被世俗所
轻贱的都有道在，更何况其他？一场茶事的成立，不在于使用什么
贵重的器物，不在于什么尊贵身份的人的参加，不在于烦琐的程序
与时间的长短，关键要看"俭、净、敬、和"一类的茶之契是否得
到了贯彻，是否实现"显现形而上"的目标。当"形而上"借"形
而下"显现之时，"形而下"的这个具就堪称"器"。

　　形而下的"具"，随着历史时代、地域地理、民族民俗的不同，
是具有不同的文化特色的，因此，"器"也摆脱不了文化样式的差
异性。虽然无论什么样式的茶事，都是对人终极生命超越的探索，
都是对相同终极真理的探索，但是，"器"的文化类型的差异性，
决定了茶事的文化类型的不同。历史上已经有的是日本式茶道，处
处按照日本文化的要求"制"器、"用"器，如果要重建中华文化
样式的茶道，我们应当遵循什么"器"的准则？显然，这取决于中
华文明的主流精髓是什么。

　　"形上形下"的概念，出自易学核心内容的"十翼"之一的
《系辞》。古人认为"十翼"是孔子所作，是圣人之言。根据马王
堆出土文献，可以肯定"十翼"下限不出战国，都与孔子有密切关
系，可能出于孔子后学之手，传达了儒家思想的精义。十翼又称
《易传》，是对《易经》的初始解释，原本《周易》就是《易经》，
但自汉代以来，"经"与"传"统称《周易》，经传是混同起来被研

究、被解释的，经传不分，历代的解释与种种再解释，就构成了"易学"。宋代朱熹将经与传重新分开看待，区分出伏羲、文王、周公之易和孔子之易，对经与传为研究对象的易学大大推进了一步，作为经典的《易传》，其价值与学术地位进一步清晰化、稳固化。当然，这种文化中心的地位根本上来源于《周易》自身蕴含的内在价值。《易传》认为，《易经》揭示的道理已经达到了与天地同等的至高境界：

> 易与天地准，故能弥纶天地之道。仰以观于天文，俯以察于地理，是故知幽明之故；原始反终，故知死生之说；精气为物，游魂为变，是故知鬼神之情状。与天地相似，故不违；知周乎万物，而道济天下，故不过；旁行而不流，乐天知命，故不忧；安土敦乎仁，故能爱。范围天地之化而不过，曲成万物而不遗，通乎昼夜之道而知，故神无方而《易》无体。

易学源于易经之学，简称易学，它起始于占卜但高于占卜。《易经》是中国文化最古老的典籍，其思想具有很大的抽象性、灵活性与适用性。历代对《易》的解说、研究和阐发，构成"易学"。易学不仅研究《周易》本身的内容，而且研究《周易》蕴藏的深刻义理及思维方式。易学在发展过程中，逐渐分成易理易学、象数易学、数理易学、纳音易学几大类。

易道的变化与天道的变化可以相互参考的。易（经书）与天地万物的规律完全一致，囊括宇宙一切，天地万物没有一个能跑出它的范围之外。万事万物或明显可见或幽暗难知的道理、规律，易经都可以反映出来。如果体现出《易》揭示的道，那么，"具"显现形而上的世界不再不可能，"具"从而可被称为"器"。

易学，始终稳居中国古代学术的核心地位。历史上解释《易经》与《易传》的著作达两三千种，流传下来的也有近千种。易学集中国数千年文明智慧于一体、体现着东方独特的思维方式，包含着对天道人理变易规律数千年探索的成果，构成中华文明的主流。

> 易道广大，无所不包，旁及天文、地理、乐律、兵法、韵学、算术，以逮方外之炉火，皆可援易以为说，而好易者又援以为易，故易说至繁。（《四库全书总目提要》）

由此可见，在一场茶活动中，处处考虑按照易学之理安排种种器物，无论器物是什么，遵从"易"思想为中心"制"器、"用"器，是成就中国式茶事的总则。

二

《易经》本来是传自上古的卜筮之书，本身就是卜筮系统内理性化进步的成果，包含着转向理性主义的特质，它是周文化在殷商文明基础上"祛除巫魅"过程的一个部分，它没有停留在宗教巫术的阶段，反而发展出一套哲学体系，在春秋时代被经典化，自孔子以至荀子，走向了理性之路。

自《易传》之后，几乎每个时代都有人玩味、体认和发挥易学，易学渗透到了中华的哲学、宗教、政治、伦理、数学、天文、气象、历法、医学、美学、工艺、建筑、历史学等各个领域。它是中华传统文化群经之首，不但是主流文化的核心，同时，各种迷信、巫术、左道、旁门、奇门遁甲、堪舆命理等，皆援引《易经》作为自己的理论根据。中华文化中《易经》的影子随处可见。

之所以出现这种文化现象，源于《易经》自身就包含着"学"和"术"两种萌芽。

> 所谓"学"，指有关天地人生的道理；所谓"术"，指用蓍草算命的技法。……《易经》中的两种萌芽引向了两个方向：一个是从《易经》中引申出有关天地人生的种种道理，从而形成了易学；一个是从《易经》中引申出数字变化，阴阳生克等算命方法，从而形成术数。前者将人类引向理性，引向智慧；后者反其道而行之，将人类引向迷信，引向愚昧。（朱伯昆《易学基础教程》）

其中，"术"源自《易经》原本发源的卜筮巫术内容，"学"则源自《易经》走向理性化道路后的文明方向，其里程碑性的标志就是《易传》的形成并与《易经》合称《周易》。

> 自孔子以至荀子，已将《周易》文本化，并走了一条理性主义的诠释之路。卜筮行为在孔子虽亦不能免，但

　　"尚其辞""乐其辞"是孔子晚年的学易宗旨。至荀子时
　代，主张"善为易者不占"，卜筮已为稷下学者所不重视。
　（陈来《古代宗教与伦理》）

　　《史记》中的孔子说过，他学习周易的目的是为了"可以无大
过"，即少犯错误，不是为了占问个人的吉凶祸福。荀子以及其他
儒家后学发扬了这种一贯立场的理性主义，是易学文化的主流。尽
管在中华文化中易道广大，无所不包，但易学的真正精髓在于理性
主义的张扬。周易系统的价值在学而不在术。
　　《易传》认为，"《易》之为书也，广大悉备。有天道焉，有人
道焉，有地道焉"，认为易经这本书是讲天道以及人事教训的著作。
《易传》认为，圣人作《易经》，包括进行卜筮行动，目的是为了
通过卦爻象变化的法则，来提高人们的精神境界，为了"穷理尽性
以至于命"，了解天道、地道、人道，不被生死寿夭等问题所困扰，
安身立命。《易传》认为人是能够做到这种地步的，因为，天、地、
人是等价的"三才"：

　　　　昔者圣人之作《易》也，将以顺性命之理。是以立天
　　之道，曰阴与阳；立地之道，曰柔与刚；立人之道，曰仁
　　与义。兼三才而两之，故易六画而成卦。分阴分阳，迭用
　　柔刚，故易六位而成章。

　　人，在天地之间，在时间与空间之间，是天地之心，具有参赞

天地之化育、与天地合德的能力。

> 夫"大人"者，与天地合其德，与日月合其明，与四
> 时合其序，与鬼神合其吉凶。先天而天弗违，后天而奉天
> 时。天且弗违，而况人乎？况于鬼神乎？

什么是理想的人？圣人就是。什么是圣人的境界？就是掌握了
《易经》的法则，他的德行与天地日月的变化相一致，顺应天时而
行动。我们生而为人，就是要努力去"进德修业"，实现理想的人
格。要达到这种理想，就要不断地"君子学以聚之，问以辨之，宽
以居之，仁以行之"，不但要"道问学"，而且还要"尊德性"，"君
子敬以直内，义以方外，敬义立而德不孤"，二者不可偏废。

《易传》中的一篇《大象》有一个明显的特点，就是只从正面立
言，不谈负面的意义。易经卦爻的内容本来有吉有凶，但《大象》
揭示人生"修省"的道理：一个人在世间，应当自强不息、厚德载
物、反省修德。《易经》真正的作用在于为人生的修养指明道路。

> 易为君子谋，不为小人谋，故撰德于卦，虽爻有小
> 大，及系辞其爻，必谕之以君子之义。一物而两体，其太
> 极之谓与！阴阳天道，象之成也；刚柔地道，法之效也；
> 仁义人道，性之立也。叁才两之，莫不有乾坤之道。（张载
> 《正蒙》）

易学的价值在于通过其义理，让一个人成就为君子。这种成就君子的理想，通过宋明道学的发挥，成为"内圣外王"的理想，这正是对我们超越生命的人生最根本需求的响应。"俭、净、敬、和"四条茶之契的价值在于此，《周易》提出的"道"与"器"的作用，同样在于此。

形而上的道，与形而下的器，这种观念，与近现代宗教学研究提出的重要成果"神圣"与"世俗"的观念对应非常接近。米尔恰·伊利亚德是这个问题的最重要阐述者之一。

伊利亚德指出了三个重要的观念：神圣、世俗、神显，"神圣总是表征为一种'自然'存在完全不同的另一种存在"（《神圣与世俗》），神圣是世俗的反面：

> "神圣"概念被提出，最晚出自纳坦·瑟德布卢姆，涂尔干也依据"神圣与凡俗"的二分法原则阐述自己的社会学立场对宗教生活的观点，但是将"神圣"作为宗教区别于其他社会领域的核心特征与本质，则与德国神学家鲁道夫·奥托《论"神圣"》一书密切相关。主编《宗教百科全书》的西方著名宗教史家伊利亚德在其名著《神圣与世俗》中，对奥托推崇备至。

神圣和世俗是这个世界上的两种存在模式，是在历史进程中被人类所接受的两种存在状态。世界上的这两种生存方式并不仅仅与宗教史或者社会学相关；它们并不仅仅是历史学的、社会学的或人类文化学的研究对象。从根本的意义上说，神圣或世俗的两种生存样式依赖于人类在这个宇宙中已经占有的不同位置。因此它们是哲学家以及那些致力于探求人类在这个世界上存在的可能向度的人所共同关心的问题。（《神圣与世俗》）

　　"神圣"可以在"世俗"世界显现自己，以任何形式、在任何地方。借助于神圣的表证，"任何物体都能够成为某种'别的东西'。但是在本质上它仍然是其自身，因为它仍然属于它所属的那个宇宙的时空之中，一块神圣的石头仍然只是一块石头"。(《神圣与世俗》)这块石头和其他石头没有什么不同，但是相对认为这块石头是神圣的人而言，这块石头的存在已经被转化为一种超自然的存在，这时，这个"世俗"就变成完全不同的事物，这个事物就是所谓的"神显"(hierophany)，"其意思是神圣的东西向我们显现它自己"。(《神圣与世俗》)

　　不论最原始的宗教还是最发达的宗教，都是由许许多多的"神显"所构成，都是通过神圣实在的自我表证构成。从最平凡不过的物体，例如一块石头或一棵树，到一些高级的显圣物，例如对一个基督徒而言的基督体现的道成肉身，没有任何例外。而每一个具体的遭遇完全不属于我们这个世界的神圣的事例中的东西，"只不过是构成我们这个自然的世俗世界的组成部分"。(《神圣与世俗》)

　　伊利亚德的这三个观念，恰恰与道、具、器构成了对应关系。如果去除宗教这一层属性而言，世间的万物都仅仅是世俗的"具"，但是，"任何人类所直面到的、感受到的、接触到的或者所热爱的事物都能够成为一个神显"。(《神圣与世俗》)它所可以表证的神圣，是不属于这个世界的超越的非世俗，正所谓形而上之道；而这个原来世俗的"具"已经不再是原本的具，正所谓形而下之器。形而下的万事万物，都有成为"神显"即显圣物的可能，世间人造的和

"所有的自然物都能把自我表现出一种宇宙的神圣性，宇宙，作为一个整体，它也能够成为一种显圣物"。(《神圣与世俗》)

伊利亚德将宗教定义为神圣的显现，如果足球球迷因为世界杯的神圣性而同意足球运动是一种宗教的话，那么我们当然也可以同意伊利亚德的定义。然而，虽然这种宽松浮泛的设定实质上并没有明确宗教与非宗教的界限，但是，伊利亚德对神圣性的揭示确实非常深刻，因为神圣性关联着形而上的"真理"。易学探索的方向就是如此。

易学所探究的"形而上"，并不曾因为其与"形而下"相对而就将其宗教化，但是没有宗教化、神灵化的道，同样具有神圣性这一核心属性。这种神圣性通过器的"制"与"用"从而显现自身，正所谓"见乃谓之象，形乃谓之器，制而用之谓之法，利用出入，民咸用之谓之神"。(《系辞》)

我们用以表达"道"的载体，都可以称作"器"。因为它显现了超越世间的道。器由用立，神圣地表现道，用于表现神圣的道。

　　我们会面对各种仪式、神话、神圣形式、神圣和敬拜
的对象、象征、宇宙观、关于神的话语、被祝圣的人、动
物和植物、圣地，不一而足。每一个范畴都各有其自身的
形态（morphology）——各有衍生的、繁复的内涵。(《神圣
与世俗》)

我们借助上述形态表证我们理解的易之理、易之意，这些形态

就构成易之器。

虽然说这些表证，都仅仅是我们人类带有时代局限性的理解，但我们理解的"易"和"易意"本身是形而上的、神圣的，所有的器，无论怎么用，都必须以实现这种神圣性为目标。

三

任何事物都可以变成"神显"，但是就途径而言，一个普通的世俗的事物，因为什么而对神圣进行了表证，从而成为虽是形而下但却传达形而上的"器"呢？

与众不同的形状（例如中式龙）、来自它的灵验或"权能"（例如占卜的龟甲或蓍草），或者是否它来自同某种象征或别的什么相宜的事物（例如鼎器），或者是否通过某种祝圣仪式（例如佛教的开光仪式）而被赋予，或者由于它被置于某种充满神圣性（神圣的地区、神圣的时间、某种"偶然事件"——霹雳、罪行、丑闻或者诸如此类的东西）。这些都可能让一个俗物显现出神圣从而称为"器"。但这些都不是关键，关键问题是"选择"。

问题的关键在于，一个神显就意味着一次选择，意味着把这个显现为神圣的事物同它周围的任何其他事物作一次截然的区分。总是有某种其他事物，甚至在某个领域——例如神圣的事物就是和本身而言也是有所不同的，因为只是当其不再是某种世俗的事物的时候，当其获得了一个新的神圣的"维度"的时候，它才变成一个神显。

（《神圣与世俗》）

被选中并与世俗区别开来，是打开向上之路的特征。因此，经过选择的拣择性，选择之后的专属性（甚至由此发展出的唯一性），是显现神圣的重要特征。

神圣是"完全的他者"，它通常产生双重反应，具有威严和力量，既迷人又可怕。每一个与众不同的、独特的、新奇的、完美的或者巨大的事物，在不同的状况下变成敬奉的或者恐惧的对象，面对一个天才或者一位圣徒，人们似乎也会感到恐怖，因为完美并不属于这个世界。神圣有着辩证的双重性：

神圣的矛盾不仅体现在心理秩序（又吸引又排斥）上，也体现在价值秩序上；神圣同时是"神圣的"又是"污秽的"。……"圣者"（hagios）也有同样的双重含义，既可表达"纯洁"，也可表达"污染"的意思。（伊利亚德《神圣与世俗》）

神圣与禁忌是一体的，面对器，我们必须慎重。

我们所面对的器，是神圣的代言，在言说着：

　　世界之所以存在，正是因为它是诸神所创造的，而且
我们还会发现，世界存在的本身即"意味着"某种东西，
"要说出"某种东西。我们也就会发现，世界既不是静默
无声的，也不是不可理解的；而且，世界并不是没有任何
目的和意义的毫无生机的存在。对于一个宗教徒来说，宇
宙不光是"有生命的"，而且可以"言说"。仅仅宇宙生
命就足以证明宇宙的神圣性，因为宇宙是由诸神所创造
的，诸神也是通过宇宙生命向人类展示着自身。（《神圣与
世俗》）

诸神对现世来讲，还是个有待验证的事件，但是神圣的某个超
越，确实通过神显在言说它的存在。

我们的生命是开放的存在，在本质上我们不能简单地认同我们
仅仅与自然相同，我们渴望着超越生命，生命本身就是两重化的：
作为人类自然地存在，同时，又分享着一种超越人类的生命意义。

　　在某种方式上说，一个人所居住的宇宙：身体、住
房、部落的领土，乃至这个世界的全部都与一个高居其上
的并且超越它的不同的层面保持着联系。（伊利亚德《神圣与
世俗》）

我们追求着心灵与生命的超越与绝对自由。
这个追求的过程不是一种纯粹知觉上的认知，而是一个实践

的过程。拣择性包容在"俭"与"净"的原则中,专属性包含在"净"的原则中,慎重性包括在"净"与"敬"的原则中,而超越的理想,包括在"和"的原则中——融入神圣、实现永恒。"俭、净、敬、和"的茶之契,通"易",同样是令神圣在世俗中显现为神显的途径与原则。

孔子在《礼记》中认为:"洁净精微,《易》教也。"所谓的茶器,因用立器,要处处见茶人追求"神圣"的用心——不在于技艺礼法的难易繁复、不在于质料配置的珍稀精巧,只要是遵循"茶之契"指示的方向,令形而下的世间形态显现形而上的"神圣",这些从世间拣择出来的形态,就是茶之器。

茶之器的第一要务是构建茶的神圣空间。

我们这个时代对空间的理解是均质的和中性的,是所谓的世俗空间:

> 相对于世俗的经验来说,空间是均质的和中性的,它的不同部分之间没有本质的不同和突破。这种地理上的空间可以以任意的方向被分割、被划界,但是它们之间没有本质上的不同:所以,从它的内在的结构上得不出任何方向。(伊利亚德《神圣与世俗》)

而神圣可以以空间作为自己显现的形态,神圣对空间进行了切入,让一块空间成为"神显",这种神圣的切入把一块土地从其周围的宇宙环境中分离出来,使得它有了品质上的不同。

这种对均质空间的中断展示了一种绝对实在，标明出一个中心，使之成为圣地。这块领域超越了世俗的一切，它本身就是永恒，它让在此地与神圣沟通成为可能。

> 房子并不是一个物件，不是一个"用来居住的机器"，它是人类借助于诸神的创世和宇宙生成模式的模仿而为自己创造的一个宇宙。（《神圣与世俗》）

神圣空间中位置的空间、在空间中的活动方位，都因圣地的确立而确立，而且同样是神圣的显现，是"神显"，是"器"。未经允许、未经充分准备就与神圣发生联系是危险的，因此借助一系列仪式或规定完成"接近准备"。

因此只要有可能，茶器的第一要素是建立满足的茶活动神圣空间，最小也要有摆下一壶茶的地方。在这个神圣空间中，茶中之道才可能显现。为此，要准备一系列相关的仪礼与规定。

茶之器的第二要务是构建茶的神圣时间。

神圣时间是对普通世俗时间持续的中断，借助仪式或各种规定，人们可以毫无危险地从普通时间持续过渡到神圣时间。神圣时间与普通时间的不同在于，从某种程度上而言，神圣时间是可逆的。神圣时间中发生的事情，可以无限制地重复。神圣时间并不是流逝的，它不是一个不可逆转的时间序列，它是本体的，既不改变自己，也不会耗尽自己。借助定期的节日以及一定的仪式，世俗的时间被定期中止，神圣时间中的活动，与永恒同在。

茶会活动包括内容的程式化、动作的程式化、言行的程式化，等等。在这些程式化的过程中，主人与客人通过一种对相同的范式行为的无限模仿与复制，定期地与神圣同在。周期性地再现、重复、永恒的在场这三个特征，让神圣时间与世俗时间区别开来。

日本式茶道里千家前宗元千玄室曾经对作为茶道核心部分的做法规矩进行阐释，认为做法规矩三要素由"位置""动作""顺序"构成，茶器位置摆放依据阴阳线的划分，动作要显现心灵之美，顺序要如同日月运行般自然流动，如果从"神显"的角度看，这三点正是对神圣时空的强调。

茶之器的第三要务是生命的神圣化。

神圣空间最深层的含义，是通过神显对神圣的一层层的突破，造就了一条通道，这条通道能上达至神圣世界。借此通道，从一个宇宙层面到另一个宇宙层面过渡才成为可能。我们与形而上的联系造就此圣地，是当然的世界中心。追求形而上的我们，只有在神圣化的时空中，才可能与形而上进行最亲密的沟通。在此时空之中，生命同样被"神显"、被圣化。

是仅仅心灵自省自我与神圣同在，还是真的自己个体生命在其间进化？不管结果怎样，在茶会中，生命的神圣化正是我们这些茶活动中的茶人可能实现超越生命的原因。

在神圣时空、神圣活动中，我们生命神圣化的程度，在乎我们自己脱俗的程度。这取决于我们追求的主动过程。这个过程，本质上是精神性的过程，需要一定的理性指导。

　　茶会中茶挂所彰显的主题，这正是本次茶会中生命神圣化的精神努力的方向性指导。千利休在《南方录》中甚至认为：挂轴是茶道具中最重要的，是主人与客人领悟茶中道的凭依。茶会过程中的饮茶、吃茶活动，正是神圣化生命依据主题而进行的神圣行动。点（煎、泡）茶、茶室布置、茶道具的选配、茶食、茶点心的端法及吃法、喝茶方法等实践性活动内容，是茶事的精华部分。

点饮法就是将极品散茶磨成茶粉，放入碗中，点入热水，用茶筅搅拌出沫，趁热饮用。煎饮法，就是将一般级别的散茶直接放进开水里煎煮，趁热饮用。泡饮法就是将上等的好茶放进茶瓯里，冲入热水，趁热饮用。

　　之所以如此，是因为这些事物相对我们来说就是神圣空间中的其他生命形式，与这些神圣生命形式的互动，可以引发茶人被"神显"。"生命的出现是世界的主要的神话"（伊利亚德《神圣与世俗》），比如茶花的出现就是因为"植物生命的权能就是整个宇宙生命的一种显现"（伊利亚德《神圣的存在：比较宗教的范型》），一枝茶花、一段木头、一个人偶、一个穿着花哨的人，大自然的生命之意通过一个物体得以显现（比如表现全宇宙的春天之来临），甚至宇宙自身也是一种生命，生命的奥秘与宇宙的奥秘息息相关。这是一种与之融为一体的意识和感情，茶人与之互动，与之融为一体，从而永恒的在场由此实现。

　　茶之器的第四要务是仪礼用具的神圣化。

　　神圣空间、神圣时间、神圣生命的成立，都需要一系列的仪礼配合，因为神圣本身意味着禁忌，只有遵照依"敬"而立的仪礼，才能让自我接近神圣，被神圣接引。这些仪礼的实现，必然要用到各种各样的茶道具——"礼器"。

世间的器物分为祭器与养器（或用器）两个部分，"凡家造，祭器为先，牺赋为次，养器为后"。（《礼记》）祭器作为礼器具有神圣性，礼器只有在特定的时间空间中才出场，与日常生活处于一种隔离状态。世俗世界属于日常生活常识的领域，而神圣时空中，是另外的世界，其中的物以及在其中活动的活着的人，生活在神圣氛围之中，是神圣的非世俗（金泽《宗教禁忌研究》）。神圣空间的用具性质上都是祭器。

滕军在《日本茶道文化概论》中指出，茶具、茶叶、茶食等，已经不是日常的饮用工具和对象，而是作为仪礼过程的用具出现的，是祭器。祭祀这个圣地，祭祀这次的神圣相聚，祭祀无穷的生生不息，祭祀生命的内心。

茶道具可以分为前台道具和后台道具，前台道具是指客人可以看到的茶道具，后台道具是指客人看不到的道具。包括茶挂挂轴及其相关道具（花瓶、香盒等），烧水用茶道具及处理烧水的辅助道具，点（煎、泡）茶用的茶道具、茶碗、茶事辅助茶道具等。这些祭祀生命的茶道具，本身就在茶活动中承担一定的器物功能，在"用"中获得自己的生命，在"用"中展示自己的魅力，在"用"中相互和谐一体，在"用"中与自然融为一体。

在这个神圣时空中，任何人、任何物、任何事，都是神显，都是平等的，是否可以借助交接往来的仪礼之器，实现人与人、人与物、物与物之间的和谐共存、一体圆融呢?

茶之器，是道之筏。茶器，为生命打开神圣的大门，让生命有机会借助茶的活动领悟"易"所揭示的形而上的道，让生命有机会借助茶的活动追求"神圣"，让生命有机会借助茶的活动超越生命。

第
九 茶
之
事

一

　　没有仪式化的茶会，不能算作茶礼；没有神圣化的茶礼，不能
算作茶事。

　　所谓的神圣化，并不一定是宗教化，比如，即使是世俗空间也
能唤起空间宗教体验所特有的价值感：

　　　　例如有一些特殊的地方，它们与所有其他的地方具有
　　完全不同的属性，像一个人的出生地、初恋的地方、年轻
　　时造访过的第一个外国城市的某处，甚至对于那些自我坦
　　承不是宗教徒的人而言，所有这些地方仍都有一种不同寻
　　常的、无与伦比的意义。这些地方是他们个人宇宙中的
　　"圣地"，好像正是在这些地方，他得到的是一种实在的启
　　示，而不仅仅是其日常生活中的一处普通的地方。（伊利亚
　　德《神圣与世俗》）

　　世界对每个人的意义并不相同，因为这个世界并不是表面上那
样是我们共同拥有的，每个人的世界都不相同，因为我们的心眼看

到的世界是不一样的。

世界在某种程度，并不是与人无关的简单的客观。更重要的是：我们的心眼看到了什么？在不同的心的观照下，世界呈现着不同的面貌，它并不仅仅是物理层面的呈现。某种程度上，它们的存在不在外，而是在我们心中。

> 先生游南镇，一友指岩中花树问曰：天下无心外之物，如此花树在深山中自开自落，于我心亦何相关？先生曰：你未看此花时，此花与汝心同归于寂；你来看此花时，则此花颜色一时明白起来，便知此花不在你的心外。
>
> （《传习录》）

王阳明的这种心外无物说，本来与那种认为个体意识之外都不存在的思想不相干，而是着眼于"意向"对"事"的构成作用。我们没有看到山花，当然并不就是山花不存在，但是，只有我们看到山花时，山花对我们才有了意义，在此之前，山花无论怎样与我们都没有关系。世界从来没有隐藏自己，而是个人自己没有看见，他们自己的心眼没有打开。每个人自己生活于其中的世界当然是不同的。

世界既有世俗的一面，也有神圣的一面。神圣的那一面，无时无刻、无处不在地展现着自己。它需要我们自己不断打开心扉去正视，当我们与它在世俗中遭遇时，就是所谓的神显。

所谓神圣，它所指的，就状态而言，叫作人类所处世界的永恒而又无限的未知；就生命方向而言，叫作我们超越自我、发展自我、自我进化的可能；就人生而言，叫作生存的意义；就理性而言，叫作真理。总之，是形而上的道。

所谓的神圣化，可谓是形而上的"道"的显现，这种"神显"是生命感知"万物一体"境界、宇宙无限整体层面时，用心眼看到的世界，人生在此时与宇宙神交：庄严、神秘、神圣、谦卑和敬畏，是一种灵魂的狂喜。根本而言，神圣、终极美、孔颜之乐等相对"道"而言，是同样从属的，是人感知形而上的抽象的"道"时的体验。

通向形而上之"道"的道路，并不仅仅只有宗教。就像密林中通向林外世界的路，并不只有一条。它们蜿蜒曲折、荆棘密布、歧路重重，或许有的畅通，有的艰难，但只要是通向林外，就是正确的路。爱因斯坦说，科学通向它；海德格尔说，艺术通向它；甚至自然本身的显现，也是它。

茶，是这个世俗世界的组成之一，也同样可以成为神圣的显现载体。而且重要的是，茶，是人类文明走向的类型的象征，可以汇通仙、禅、儒；茶会，本身就是饮食之事，与礼乐文明相通，本身就是寓道之器，蕴含饮食之礼；茶礼，以"俭净敬和"与"易"道契合。茶是一个非常适合成为通向神圣之路的载体。

茶礼能否神圣化，在于我们自己是否具有透过茶礼发现神圣的心眼，在于我们自己是不是透过茶礼走向神圣的茶人。

茶道要求茶人日日埋头于艺术创造与艺术修行之中。

钢琴演奏家在演奏钢琴时是舞台上的艺术家，下台之后可以过与平常人同样的生活。而茶人则不同，茶事完了之后的日常生活也需谨慎自制，早起修行，慎于酒色。茶人的日常生活是茶事的继续。（滕军《日本茶道文化概论》）

茶人是修行之人。茶人的人生，不是世俗的人生，是不断修行的人生，是始终走向神圣的人生。

修行，并不是宗教人士的专利。凡是实践自我进化的人，凡是在真正学而时习"为己之学"的人，凡是在生命层面追求"安心、安身、立命"的人，他对自己的修养、修炼、修持，都是修行。修行是无时无刻无处不在的。实实在在地自己对自己生命从心理到生理进行修行的人，就是修行人。借茶修行的修行人，就是茶人。

茶，并不是唯一通向真理的道路（因此茶道不是也永远不应当是宗教），茶为我们提供的，是一个真实能够让美喂养自我灵魂的修行体系之一，是一条可以修行的途径之一，是通向神圣的道路之一。茶的修行，并不限定我们信仰什么，彻底的无神论者、追求超越自身生理生命的宗教徒、只关注现世的儒生，都可以借茶修行成为茶人。

或许人类并没有一个十分明确具体的生存目的，世上的每一种生物都是按特定的方式生活罢了，人类并没有一个他们有意识地系统地致力于它的目的，我们并不曾那样仔细地计划生活：首先确定一个理想，然后努力实现它。但是我们说：

生命不仅仅意味着饮食男女，或者生命的某一个方面，

例如思想、感情、意志等，而是意味着与自然、社会的要求相一致的所有属人的能力的展开。（梯利《伦理学概论》）

生命需要自我进化。个体的人，是需要发现自己的进化之路、走向"神圣"的。对意义渴求的本能必然让我们不断追求、不断自我进化。

某套茶礼是否能够神圣化，在于奉行这套茶礼的人，是否真的是一个行进在走向神圣之路上的修行人。在自己奉行的这套茶礼中，他的心眼是否已经看到了不同于世俗的另一面？他是否将自己的生命融入茶事成为非世俗生活的一个组成？他是否借助茶事的修行使自己的人生不断自我进化、不断超越生命？如果是，那么，他是一个茶人，他所奉行的茶礼，是茶事。

已经成熟化的日式茶道，是其他有待成长的茶道可资借鉴的重要对象。建立日本茶道的三代大师——村田珠光、武野绍鸥、千利休，都与佛教禅宗有着密不可分的渊源。日式茶道集大成者千利休在《南方录》中讲道：

> 小草庵里的茶道，首先要以佛法修行得道。追求豪华的房宅、美味的食品，那是俗世之举。家不漏雨、食无饥苦便足矣。佛之教便是茶之本意。汲水、拾薪、烧水、点茶、供佛、施人、自啜、插花、焚香，皆为习佛修行之行为。（转引自滕军《日本茶道文化概论》）

在这段话中，千利休将茶道的日常行动上升为修行的高度。

因为这种与佛教修行的密切关系，日式茶道的研究专家久松真一认为，茶道就是禅宗在日本的在家化，是对应寺院禅的居士禅，可谓茶道是一种宗教改革。久松真一对茶道中禅宗修行的问题做出了十分重要的分析：

> 茶道的第一目的为修炼身心，其修炼身心是茶道文化形成的胎盘。无相的了悟作为一种现象显示出来的才是茶道文化。茶道文化真是一种内容丰富的文化形式。我自己开始研究茶道以后感到惊讶的是，其文化形式有着强烈的独特性，即它是一种由无相的了悟、无相的自己所表现出来的形式。未渗透无相自己的茶道是不存在的，反过来说，茶道中必须渗透着无相的自己。即茶道文化是无相的自己的外在表现。茶道又是一种根源性的文化，它修炼人的身心，创造无相的人、了悟的人，即创造文化的创造者。所以说，茶道是创造文化创造者的文化。这些创造者创造的文化反过来又创造文化创造者。茶道是这样一种修炼人的天地，是这样一个文化创造的领域。在此意义上来说，茶道是无相自己的形成及无相自己表现的场所。（滕军《日本茶道文化概论》）

如果将上述文字中"无相"二字改成"神圣"的话，那么，这段话可以作为所有待成长茶道与奉行该茶道的茶人之间关系的写照。

所谓茶人的三个条件：境界、创造、眼力，就是要求一个茶人要拥有看破世俗的心眼，借助茶与道沟通并让自己与道合一，为此而不断自我进化，这样的茶活动，自然就是茶事——茶道。千利休在《南方录》中揭示了茶事成立的秘密：

> 茶道之秘事在于——打碎了山水、草木、草庵、主客、诸具、法则、规矩的、无一物之念的、无事安心的一片白露地。（转引自滕军《日本茶道文化概论》）

所谓白露地，取自佛经《法华经》，指修行的菩萨冲过三界的火宅来到的地方。茶人的修行努力让茶神圣化，将茶的一切成为神圣的显现，让茶事得以成立。

二

茶门五事：茶礼、茶食、茶法、茶艺、茶学，唯有在茶礼中最可能发展出茶事。礼仪化的茶，并不一定是茶事（比如魏晋南北朝时，任何阶层的饮茶均已礼仪化，但并没有专司修行功能的茶道），但是，茶事必定是由各种仪礼构成的，因为神圣化的茶不可能没有仪式显现其神圣性。只有通过种种仪式，世俗才可能开启通向神圣的一面，成为神圣的显现，只有通过种种仪式，世俗才可能被肯定为神圣之物，只有通过种种仪式，世俗才可能维系作为神圣的象征。一旦离开仪式失去这种特性，它就会恢复世俗的面貌（《神圣的帷幕》）。

中华仪礼体系，依托于这个世界上最完备的礼乐文明，而礼乐之道的重要起源观点之一，就是起源于饮食，而且，"故人之能自曲直以赴礼者，谓之成人"（《左传》）。是否尊奉"礼"，是一个人算不算成年人的标志。

茶最晚在魏晋南北朝就已经礼仪化，东晋陆纳采用茶果为象征的茶宴招待谢安的故事，以及桓温使用的七奠柈茶果的记载，虽然具体内容已经不可知，但是礼仪化的茶宴包括饮茶、茶食在内，是显而易见的，这体现了对"礼始诸饮食"传统的继承。日式茶道中对茶食的保留，尽管可谓是日本斗茶遗风的保留，但这种保留还是有道理的，既保留了饮与食的完整一体，又让人生中各种各样的仪礼有了在饮食活动基础上建立、成立的可能。人生各阶段的礼仪系统得以展开。

> 夫礼，始于冠，本于昏，重于丧祭，尊于朝聘，和于
> 乡射，此礼之大体也。（《礼记》）

人生第一次大礼是二十岁的成人礼——冠礼，但根本的礼是婚礼，是人生真正融入社会的大事，因此，人生中的礼开始于"冠"，根本是"昏"（通"婚"）。这些人生中的大事，都可以在饮食之礼的基础上建立起来。

　　基本礼仪用于诸侯以上则曰冠昏丧祭乡射朝聘；用于

一般的士，则曰冠昏丧祭乡射相见，其基本礼项是一致的。

这些基本礼项构成了礼之大体……（陈来《古代宗教与伦理》）

日式茶道的实践，证明了饮食之礼在社会礼仪系统建立过程中
的基础性功能。日式茶道的每次茶事，都是对某种现实生活内容的
礼仪性的纪念。

　　每一次茶事都要有主题，比如庆祝某人新婚、乔迁，

或纪念某人逝世多少周年，为新得到一个世传珍贵的茶道

具而庆贺等等。（滕军《日本茶道文化概论》）

日式茶道，从仪礼的角度看，已经发展成为系统化的茶礼系
统，可以纪念生活中的任何事情。进而，在茶礼的基础上，将茶礼
活动升华为茶事活动。

一场茶事的确立，整体应当结合主题进行。茶事第一个环节，
是对茶事进行各种各样的准备。

茶事主题被确定的同时，首席客人也就确定了，以首席客人为
中心选择首席客人的朋友或意气相投的人作为陪客。一场茶事最理
想的客人人数是三人，这是合乎《仪礼》乡饮酒礼中三宾的精神
的。当然，也可以根据茶室的大小增加客人的数量，但是人数超过
七八个人，一场茶礼就容易仅仅停留在茶会的层面上，很难升华为

一场茶事。从行为心理学研究的成果上看，一般一个人最多可以照顾好七件相同的事物，客人超过七人，主人自己很容易发生混乱。客人名单的确认，在《仪礼》中称作"谋宾"。

客人确定之后，主人应当"戒宾"，即由主人亲自通知宾客。通知的方式当然体现"敬"的精神，比如发出专用请帖，写明茶事的各项事宜。来而不往非礼也，陪客们应当到首席客人家专程登门致谢，首席客人应当代表全体客人到主人家致谢。

在举行一场重大的茶事之前，主人要修理茶庭、茶室；更换茶室中的布置，甚至专门为此次茶事定做茶碗，更加凸显本次相聚的神圣性。茶事中要使用的各种茶道具，都结合本次茶事的主题进行安排，并且提前请专人代替客人进行演习，反复推敲。茶事内容确定后，要做"会记"：

> 会记是此次茶会的记录，记录下使用的茶道具、茶点心的名称等。虽然很简单，但是永久性的记录。（滕军《日本茶道文化概论》）

会记中记录的准备成果，可能是主人亲自东奔西跑很久准备的，甚至要在一年前就向茶园订货、弄到著名的泉水，为了一枝茶花，特意去远方的山中采来，不能使用人工栽培的茶花，一枝茶花也只能在一次茶事中使用，因为茶事不是俗世中的琐事，在俗世时间中"每一次茶事都是绝无仅有的特殊的存在，同时也是不可永久的"。（滕军《日本茶道文化概论》）

如果要让一场茶礼成为神圣的茶事，对它的准备就必须依据"俭净敬和"的原则进行。

茶事的第二个环节，是一场神圣时空中因为共同吃茶而发生的神圣相聚。

茶事必须在专门的茶室中进行。茶室，建筑在茶庭之中。茶室以及茶庭并不是世俗的建筑：

> 茶道中的茶庭，不是供人欣赏的，而是修行的道场，人们进入茶庭以后就要忘却俗世中的烦恼、私欲，清洗心中的尘埃，露出自有的佛心。称它为"露地"是十分恰当的。（滕军《日本茶道文化概论》）

这是日式茶道对茶庭的理解。如果将"佛心"改成"神圣之心"，将"露地"改作"神圣之地"，那么这个理解就可以作为其他文化体系中茶庭的建立原则。

茶庭洒水有三露之说，客人来之前、中间的时候、客人走之前，都应当洒水。

茶庭在非举行茶事时是不能使用的。为了让时间在这里停止，基于"俭"的原则，这里一般只种常绿植物，不栽花，特别是色彩艳丽的花。为了隔离世俗的空间，地面应当不留空地，常绿植物与精心铺设的石头将空间限定在茶庭中，与世俗隔离开来。这里的一石一木都是主人精心的安排，都是有生命的神显。茶事开始前和进行中，务必保持茶庭的清净，洒上清水，去除每一片叶子上的灰尘，甚至要用布将每一块石头擦拭干净。

　　茶庭也可以划分内外，即外庭、内庭。客人首先来到外庭，开始准备进入神圣空间。客人们需要在专门的等候室更换专用茶道服，换上专门的新袜、新鞋，在专门的等候亭等待，清洁自己的心灵，宁静自己的精神，准备踏入神圣之地。

　　准备完毕后，主人在内庭的一侧等待客人，接引客人通过中门，进入道场——真正的神圣之地。客人们可以进一步使用清水"净身净心"，然后正式进入茶室——神圣之地的中心。

　　日式茶道的茶室，标准面积是四张半榻榻米，大约8.2平方米。千利休甚至将它进一步缩小，只有一张半榻榻米，约2.7平方米。因为一切拜物主义都应当被清除，只留下摆脱了物质因素的精神世界。茶室不同于一般的屋舍建筑，处处体现"俭净"的基本面貌，茶室的目的：

　　　　不在于宽敞、舒适、明亮、耐久，而在于实现茶道的和、敬、清、寂的宗旨。由此，茶室有面积小、多变化的特点。每一个茶室都是独一无二的存在，禁止仿造。（滕军《日本茶道文化概论》）

　　茶室是神圣空间，是实现神圣活动的场所，当然是独一无二的。

　　客人进入茶室，首先瞻仰茶挂挂轴——这里揭示了本次茶事的主题，是本次神圣予以显现的方向，随后开始饮茶活动。所谓各项茶会活动，从内容而言，没有任何神秘可言。日式茶道祖师千利休指出：

> 须知茶道之本不过是烧水点茶。（转引自滕军《日本茶道
> 文化概论》）

所谓的茶事，无非就是好好泡茶，做好这个过程。将至道还原为生活，道无所不在，将世俗的过程充分展开，就是神圣。

当然，饮茶是有过程的。主客相见，持相见礼，为烧开水做好准备。如果能够坚持原始的木炭烧水当然很好，但是如果条件有限，使用煤气或者电来烧水，也未尝不可。烧开水时，为避免客人等待，可以请客人吃茶食，一汤三菜，用一点饭、一些清淡的酒。等水烧开，就可以喝茶了。第一杯，第二杯，穿插一些茶点心，喝到恰好，茶事也就可以结束了。

这个过程并不复杂，但关键是，整个过程，一言一行都要做到"俭净敬和"。位置（严谨至厘米）、动作、顺序、姿势、移动路线，不能有一毫的错乱，因为，整个茶事的过程，就是神圣的显现本身，发生错乱，就意味着与神圣失之交臂。日式茶道能够达到没有错乱这个要求，其秘诀就在于地上铺设的榻榻米：

> 榻榻米长多少、宽多少，有一定的尺寸。榻榻米编制
> 时形成的纹络（日语说"目"）有多少也有规定，一般是
> 62.5 个纹络。点茶时，茶碗放在第几个垄纹上，坐下来时，
> 坐在第几个纹络之下、一张榻榻米走几步等都有据可循。
> 试想，如果没有榻榻米，在地毯上点茶的话，点茶的一些

规则便不可能产生。（滕军《日本茶道文化概论》）

位置固定了，动作就容易规范，行为就容易合礼，就容易实现与神圣的对话。

当然榻榻米并不是茶道唯一可以展开的茶道具——地毯上虽然不能产生茶道，但明确了茶道的上述要点后，却可以在地毯上设定规范的条纹，茶事的各种做法规矩就自然可以展开。

日式茶道随着历史的发展，同一个烧水饮茶的饮食过程，演变成百余种的茶礼套路，可以诠释各种人生中的生活主题。如果非日式茶道要进行建设，肯定需要漫长时光，才能让岁月磨砺出最能够解释茶中道的各种各样的茶事。

茶事的第三个环节，是一场神圣时空中吃茶后的散场。

茶事是在世俗时间中切割出来的神圣时间中发生的神圣事件，但是这个事件并不是无限延续的。

茶事所需的时间，以四小时为标准。拖长了的话，有可能使茶事陷入俗世的闲谈，冲淡茶事的宗教修行气氛。而若缩短时间，则有可能造成草草了事、礼节不周，破坏茶事的优雅意境。（滕军《日本茶道文化概论》）

茶室中是禁止戴手表的，因为世俗时间的流逝在这里没有意义，钟表表示的时间流逝只会破坏茶事的神圣。但是，神圣的显现，并不是世间的常态，参加茶事的人们需要恰当地、平稳地回归到世俗的生活。

　　茶事结束，主人并不留客，客人也不用特别表示要离开，茶事的结束本身只是一个程序。饮茶完毕，主人自然按照客人初到时布置茶道具的相反过程，将茶道具收拾好。临别之前，主人与客人行最后的告别礼，客人次第离去。留下主人，进入"独坐观念"的修行阶段。所谓独坐，就是独自坐在茶室中，观念，就是反观静思。日式茶道强调的这个概念出自井伊直弼的《茶汤一会集》：

　　（茶事完毕）主客均须怀有恋恋不舍之情，共叙离别之礼。客人走出茶室，步入露地，轻手轻足，不得高声放谈。静静转身，行回头礼。主人更应谦恭，目送客人身影至无。其后，若将中门、隔扇、窗户立即统统关上的话，甚为不知风雅情趣。一日之功化为乌有。送毕客人，也决不能急于收拾。须静静返回茶室，独入茶席，独坐于炉前。追想客人话语之余音，惆怅客人此时不知行至何处。今日，一期一会完了，静思此日之事不可重演，或自点自服，这才是一会极点之功。此时，寂寞逼人，相语者只有茶釜一口，别无他物。诚为不自得难至其境也。（转引自滕军《日本茶道文化概论》）

　　每一次神圣的显现都不会相同，因为神圣是无限的，世俗是有限的。每一次茶事展示的神圣过程，都值得反复为之玩味、参悟。

　　茶事之后，客人用书信表示感谢，茶事告一段落。

三

　　三个环节构成的茶事，是否就是茶道的全部？答案是否定的。茶事，仅仅是道的"显"的一面，在非茶事期间，道处在"藏"的状态。一个合格的茶人，仍然需要修炼，为道的下一次"显"充分地做好准备。

　　现有中国境内介绍日式茶道的书籍中，暂时没有载录茶道"封藏"的专门性的专题描述。但是日式茶道"封藏"的实践及相关知识非常完备而丰富。比如关于最重要的茶道具之一的茶碗：

> 　　茶碗的包装是：先用一层绢或棉布包起来，再将其装入一个夹棉的口袋，装进木盒里，四周塞上棉花包，用一种特别的带子和特别的系法固定住。因木盒内外有名人的题字需要特别保护，所以要再包上一层包袱布，再装进一个大木盒子。如果有关于这个茶碗的鉴定书、转让书之类的东西，要再一起收进一个叫"总箱"的箱子里。就这样，由于茶人对茶碗的珍重，使其艺术价值步步升级。(滕军《日本茶道文化概论》)

　　这么做并不仅仅是因为艺术的原因。之所以这么慎重，更因为茶道具是有生命的，它们是神圣的神显，在茶事进行的过程中，是神圣的显现；而在茶事完成后，它们仍然是神圣的神显，不属于世俗的世界，必须好好地收存，好好地供奉。

茶庭在非举行茶事时，是不能使用的；重要的茶道具，都拥有自己的名字；在茶事中出现的茶花，只在这次茶事中出现，从此消失在历史中；挂轴作为茶事中最重要的道具，即使因年代久远表面破落、画面不整，茶人也不加修整，因为枯、老、病、损是它本身的生命。

因此，事实上还存在茶事的第四个环节：神圣茶世界在世俗世界中的隐藏。

茶道具不是世俗中的物品，它们是"神显"，是"神圣"在俗世的显现。茶道具本身从物理上而言，无非是种种的无机物，但是寓于茶道具中的"神圣"借助茶道具，和我们在一起，和我们相依偎，和我们心相应。于是，茶道具就成为活生生的，它们因神圣而具有了"生命"。

茶事过程中所使用的每一个茶道具都是有生命的。它会"疼痛"，它会"高兴"，会"生气"，会"伤心"，它不会使用人类的语言表达自己的存在，但如同我们俗世生活中养的宠物一样，它是我们的朋友，是我们的亲人，是我们的家庭成员之一。它需要我们的关怀和爱，它也会用自己的方式展示对我们的关怀与爱。

它们需要展现自己生命的风采，也需要在绽放之后好好休息。

更重要的是：茶事的成立，是因为茶人心存神圣，茶人为了接待客人而做好各种准备，这是开启心中的神圣；茶人为了客人在接待过程中一丝不苟，这是展显心中的神圣；茶人送走客人，收拾心情，收拾茶具，这是封收心中的神圣。那么，在世俗的日常生活中呢？茶人要好好地珍隐心中的神圣，不是让神圣冻藏起来与世俗隔绝，而是要让世俗生活依然能够与神圣保持沟通、保持一体，这是让自己的生命即使隐藏在世俗的面具下，也依然能够保持"神圣"的状态，让生命在世俗的日常生活状态中也有机会不断超越。

因此，整个茶事包括四大环节：隐、启、显、封。"隐"与"显"，是茶事的主要环节，两大环节向对方状态的平滑过渡，则构成"启"和"封"的阶段。"隐"，是神圣在世俗中的隐藏，是生活的常态；在机缘成熟时，开始进入"开启"的准备阶段，准备神圣的展露；"显"，真理的神圣"显现"是茶事的高潮，是我们在世俗中接触神圣的通道，能够有机会更好地领悟真理、掌握真理，这是生活的特殊状态；对特殊状态中获得的对真理的新的理解，需要尽可能地吸纳，所谓"封收"，事实是尽可能地消化自己的领悟，让"隐"的世俗状态能够更好地保有神圣。

在茶人的生活中，茶事贯彻始终。茶人是修行之人，这种对人生真谛的追求，是持续不断地生活实践，是不可能不在日常的生活中继续进行的。只不过，某一个人尝试借助茶来对生命真谛进行追求，从而茶事才得以存在，这个人才被称作茶人。因此，如果没有"隐"的环节，茶事就从根本上并不成立，就流为表演性质的茶礼。如果不能将茶事贯彻到世俗的日常生活中来，所谓的茶人，就不配称为茶人。

所谓茶事，事实上是一种修行人的生存方式，也因这种生存方式，修行人成其为茶人。

修行人是在实践自我进化的人，修行人在真正学而时习"为己米歇尔·福柯（1926—
1984），被法国总理
和教育部长誉为当
代最伟大的哲学家，
认为凡是想理解20
世纪后期现代性的
人，都需要考虑福
柯。年鉴学派大师
费尔南·布罗代尔
称福柯是当代最光
彩夺目的思想家。

之学"，修行人在生命层面上不懈追求"安心、安身、立命"，他们对自己修养、修炼、修持，他们实实在在地关注生命、关注自我，他们时时刻刻地寻求自我突破、自我进化。这是一种"自我的教化"。

自我的教化，并不是简单地要求一种泛泛的态度和一种零散的注意力，它是一整套的事务。充满了各种训练、实践任务和不同的活动，涉及养生术、沉思的技术、记忆的技术、良心考验的技术等。西方的文化在这一方面有着悠久的历史。

> 有关为了达至真理必须使用修身技术的这一观念，在古希腊就出现过，在所有文明系列中也有。（福柯《主体解释学》）

当然东方这方面的文化更是悠久丰富。福柯把关注自身、解释自身、认识自身，试图自我改变、改变自己独特的存在、使自我超越得以可能的艺术，称为"自我的技术"。

相当多的东方人对"技术"一词的理解，大多局限于工具的层面，事实上，福柯的"技术"概念，源于韦伯提出、哈贝马斯进行引申的实践理性概念的基础。"自我的技术"所涉及的种种内容，不只是指一种精神态度、一种关注方式、一种不要忘记这个或那个东西的方式，不只是一种活动方式，一种小心的、连续的、应用的、有规则的方式。这种"技术"涉及的是自由与真理的关系，它开启了一种生存美学，"我们必须把它理解成一种生活方式"（福柯《性经验史》），它与生活艺术有着共同的外延，"修身等同于生活艺术，而且必须与它结合"（福柯《主体解释学》）。一方面，道德价值被这种生活方式融入主观的快感体验之中，人们遵守的各种行为原则，"通过理性与支配理性的对真理的关系，生活被纳入对一种本体论秩序的维护和再生产之中"（福柯《性经验史》），另一方面，美也被纳入这种生存方式之中，这种生活"它沐浴在某种美的光辉中，目睹这种光辉的人能够思考它或把它保存在记忆之中。这种有节制的生活，其标准是以真理为基础的，既尊重某种本体论的结构，又显现出美的形象"。（福柯《性经验史》）

尤尔根·哈贝马斯，是西方马克思主义重要流派法兰克福学派第二代的代表人物。历任海德堡大学教授、法兰克福大学教授、法兰克福大学社会研究所所长以及德国马普协会生活世界研究所所长。哈贝马斯的知识旨趣说、技术统治论和沟通行动论等学说，作为综合的社会批判理论，产生了深远的影响。

"关注自我"这一主题，构成生存技艺的中心和标志，"想自我拯救的人应该在一生中不断地关注自我"（福柯《性经验史》），"关注自我"是一个对一切人、一切时间和整个人生都有效的原则。"正是因为人是自由的和理性的（可以自由地成为理性的人），人本性上是要关注自我的存在。"（福柯《性经验史》）人生是一种永恒的修行，"'关心自己'是人一生的法则"。（福柯《主体解释学》）

但这种生活方式绝不是空洞的，而是实实在在的实践。它指的是一种规律性的活动、一项工作及其方法和目标。"在整个古代哲学中，关注自我既被视为一种义务，也被视为一种技术，一项基本责任和一系列精心构思的方法。"（福柯《主体解释学》）所谓"自我的技术"支撑的自我的教化，既是生存方式，也是实践的技术，技术与存在是一体的。

在这种自我教化中，人们应用"自我的技术"，"不时地中断自己的日常活动，做一次穆索尼乌斯（还有许多其他人）所热切推荐的退却：他们让人可以与自我单独相处，接受它的过去，目睹过去的整个生活……"（福柯《性经验史》）

茶事的"显"，正是这种对日常生活的中断，它让参加茶事的人，临时进入一个神圣的时空，临时介入一场神圣的行动，临时融入一种神圣的本身。在这个过程中，没有你我的分别，所有茶事活动过程中的构成，都是神圣本身的一个组成部分。由此，让参加茶事"显现"活动的个人，有机会体验真理，有机会觉悟生命。

但是这个临时的"退却"仅仅是一种技术，如果不能够把这个过程中的收获代入日常生活中，那么这就不成其为"自我的技术"。"关心自己是一个必须伴随整个人生的持久的义务"（福柯《主体解释学》)，必须在日常生活中同样建立起一种对接"神圣时刻"的自我技术，让神圣能够降临世俗，让神圣能够沟通世俗。这个世俗，正是日常生活中的茶人，这个日常生活状态下的自我技术，正是茶事的"隐"的方式。

应当说，"神圣"与"世俗"的提法，是一种方便的比喻。世界的真相是什么，生命的真相是什么，命运的意义是什么，生命的真谛是什么，并不是用"追求神圣"这一句话就能够回答的。但是借助这两个重要的词汇，我们可以从状态的立场对修行人的修行进行一定的描述。

修行人需要专有的"自我的技术"进行自我突破,这是神圣的一面。但面对日常的生活,他也需要一定的"自我的技术"运用这些体会。

茶事的"显"与"隐"就是这种关系。"隐"的环节,让茶人的心灵、灵魂,即使在世俗生活中依然保持神圣。"隐"的环节,是选择通过茶来进行修行的茶人得以完整实现关心自我生存方式的保证。

只有四个环节完备,茶人才拥有完整的修行,才有机会超越生命。茶事的"启",让茶人有机会建立与神圣的沟通途径;茶事的"显",让茶人有机会领悟自由与真理的理性生活;茶事的"封",让茶人有机会将领悟带入世俗生活,让生活意义化;茶事的"隐",对茶人最为重要,其一,隐藏好具体的茶具,让茶事得以随时可控性地启动,可以有机会让自己探索秩序的秘密;其二,将茶隐入内心,茶的精神藏入骨髓,藏入灵魂,让生命"神圣化",让自己成为匿名的神显,在有限的社会角色下,隐藏着无限的宇宙的通道。

茶人追求茶之道所奉行的茶之事,当"隐、启、显、封"具足。

一

茶事所求之道，与人类历史上所追求的人生终极真理并无不同，只是借茶事来践行中华儒、释、道历时数千年曾开拓的人生之路罢了。

生命的真谛极少被正面描述，正所谓"夫子之文章，可得而闻也，夫子之言性与天道，不可得而闻也"（《论语》），不是不想说，而是没法说，因为在最根本的问题上，即使是概念本身也难以界定。

这个现象被康德称之为"二律背反"：世界的时间性、空间性、规律性、构成物、本体，都存在着理性上的矛盾。在最根本的概念上，情况大致都是如此，比如宗教中推崇的万能上帝，往往会被质疑"上帝能否制造一块自己也搬不动的石头"，于是面对这种逻辑的悖论，维护万能论的人只能舍弃逻辑，求之于信仰。

维特根斯坦在《逻辑哲学论》的序言中是这样表述的："这本书的全部意义可以概括如下：凡能够说的，都能够说清楚；凡不能谈论的，就

伊曼努尔·康德（1724—1804），德国哲学家、天文学家、星云说的创立者之一、德国古典哲学的创始人、德国古典美学的奠定者。他的思想，导致德意志接二连三出现世界级的哲学家和思想家。

应该保持沉默。"同样的，此书最后一章只有一行字："对于不可说的东西我们必须保持沉默。"如果说，作为系统地从语言来思考世界的第一人，维特根斯坦从哲学的层面探索了逻辑的界限，那么，1931年数学家库尔特·哥德尔发现证明的哥德尔不完备定理，就是从数理逻辑的层面证明了逻辑体系存在的问题。

哥德尔不完备定理包括两条，它的影响极其巨大，远远超出了数学的范围。它不仅使数学、逻辑学发生革命性的变化，引发了许多富有挑战性的问题，而且还涉及哲学、语言学和计算机科学，甚至宇宙学。同时，对它的非数学领域的应用，也存在着种种的误解。

这个定理的非数学的主要应用领域是计算机和人工智能，计算机是有致命缺陷的，它永远不可能绕过这个定理所揭示的事实，永远不可能具有人脑的能力，人类的"直觉"不受该定理的限制。事实上，人脑就基本意义和工作原理来说，与人工智能原理的"图灵机"无根本差别，就逻辑层面而言，同样要受到哥德尔定理的限制。但是，人脑包含了非确定性的自然形成的神经网络系统，具有"模糊"处理能力和效率极高的表现，看上去具有电脑所不具备的"直觉"。

库尔特·哥德尔（1906—1978），奥地利裔美国数学家、逻辑学家。哥德尔1931年证明了形式数论（即算术逻辑）系统的"不完全性定理"。他的工作对公理集合论有重要影响，而且直接导致了集合和序数上的递归论的产生。

对哥德尔定理更专业的表述是数理逻辑的表述，一般通俗的文字描述如下：第一不完备性定理：任意一个包含算术系统在内的形式系统中，都存在一个命题，它在这个系统中既不能被证明也不能被否定；第二不完备性定理：任意一个包含算术系统的形式系统自身不能证明它本身的无矛盾性。

　　但是，哥德尔定理并不是否定了理性的力量，正相反，它让人类更加精确地了解自己理性的情况（王浩《哥德尔》）。当运用于实际问题时，哥德尔定理——任何逻辑系统，其本身必然是有限的抑或是自相矛盾的——也便阐释着，我们在看世界的时候，实际上必然是交替着采用有限系统（形式逻辑）抑或是辩证法去看待的。理性之路，是可以根本坚守的一条道路。

　　维特根斯坦对逻辑的研究，其实目的正是为思想的表述划定一条界线，从这个界线两方面来思考。罗马时期的新柏拉图主义的创始人普罗提诺指出，最高的本体"太一"是无法定义的，它具有肯定和否定两重规定性：肯定地说，它是善本身，是先于万物的源泉；否定地说，"它既不是一个东西，也不是性质，也不是数量，也不是心智，也不是灵魂，也不运动，也不静止，也不在空间中，也不在时间中，而是绝对只有一个形式的东西，或者无形式的东西，先于一切形式，先于运动，先于静止"（北京大学《西方哲学原著选读》）。

　　总之，人生追求真理的理性之路，在行进的过程中存在着缺陷。那么，我们选择理性茶之道，是否仍然正确？是否仍然值得？

　　我们这种生命，与其他生命生理机能上的区别根本在于：能够自觉。这种自觉性——自我反思的能力，构成了所谓的理性活动。理性，是人类这种动物的一种特有机能，如同情感是大多高等动物的一种生理机能一样。酒之道，充分挖掘情感这种机能的潜质，让信仰指引人生，但是，主导这条道路的感性，从本质上与其他高等动物并无不同；茶之道，充分发挥理性这种机能的潜质，让智慧指引人生，主导这条道路的理性，是人类这种动物特有的。尽管理性之路有缺陷，但是，当我们追求生命真谛的时候，为什么不充分发挥自己的特长，走茶之道呢？

当然，从根本上讲，理性不过是我们从此岸到达生命彼岸的船筏，理性并不保证我们一定到达彼岸，而且，在茶性的生命之路上，也极少正面看到对真谛指向的理性语言路标，但是，这条路并不是不通的。这条道路并不全面无条件、无原则地排斥感性，只不过，我们需要坚持与酒中道的区别：始终坚守理性的方法论立场。哈贝马斯指出，行进在信仰道路上的有德性的人，只要他铭记信仰的天职，即使改变立场，对他来说，也仅仅具有解释学中介步骤的方法论意义，而对于尊重逻辑、走理性道路的人，方法论上的无神论内核会始终保持在内在认识之中。

当然，两类道路的选择究竟哪个更适当，并不是我们现在关注的重心。我们需要关注的是：我们这里已经选择的茶之道，有没有一张路线图？

在正式回答这个问题之前，我们需要首先对我们这张路线图所针对的迷宫——人类所处的境遇本质——作一番定性。我们需要再次重复贝格尔的观点，作为我们的参照。

人，是社会化的动物。贝格尔认为，社会最重要的功能是法则化。人类对意义本能地渴求，让"人生来就不得不把有意义的秩序强加于实在之上"（《神圣的帷幕》）。当然，这种秩序的建立和意义的强加，是整个社会性的过程，个人在社会活动中虽然是被强制赋予的，但是却能够获得自己的全部内容：身份、角色、习俗、传统、家庭、经济、国家、制度、规程、语言、文字、观念、时尚、潮流、价值观、意识形态，等等。离开了社会，个体的人会遇到很多物理或者生理上的毁灭性危险，但真正最根本的危险是：生命的无意义。

> 这种危险的突出表现是那么一种噩梦，在其中，个人被淹没在一个无秩序、无意义而又疯狂的世界里。实在与身份可怕地变成了无意义的恐怖形象。在受到保护而免遭那种混乱的恐怖之彻底"疯狂"的意义上，处于社会之中，就是确切意义上的"健全"。极度混乱使人无法忍受到这样的地步，以至于人宁可死也不愿要它。相反，人们希望在一个正常有序的世界之内生活，也许可以以一切献祭（牺牲）和受难，甚至以生命本身为代价（如果个人认为这种终极牺牲具有法则的意义的话）。（《神圣的帷幕》）

通常情况下，只有住在一个被指定的世界中，个人和那些与这个人的社会化有关的有意义的他人之间，才让个人拥有了世界，拥有了意义。社会与个人需要时刻进行"对话"。

显然这是一个贯穿人一生的连续不断的过程，因为灾难、疾病、死亡等客观事实随时可能破坏个人世界的秩序性，混乱、无序、失范，同样会闯入生活的视野。从心理学角度而言，要维持一个世界的困难，在于难以保持这个世界在主观方面的看似有理性。

　　这个世界是凭借与有意义的他人（如父母、老师、"同伴"）的对话而建立在个人意识之中的。只要能够与上述他人或新的有意义的他人（如配偶、朋友或其他有关联的人）保持同类的对话，这个世界就得以维持，继续成为主观的实在。一旦这种对话结束（因配偶之死，朋友离去，或一个人离开了他原来的社会环境），这个世界就开始动摇，丧失了其主观的看似有理性。（《神圣的帷幕》）

　　社会的世界希望尽可能地被认为是理所当然的。但事实是，这种理所当然是人类赋予世界的，世界还存在着未知、混乱、无序，并且永远存在。个人面临的情景是：生命存在于追求意义和丧失意义的可能之间。

　　重要的是，好在这个过程是个人可参与的过程。当然，首先的事实是："个人被社会化而成了一个被指定的人，并且住在一个被指定的世界中。"（《神圣的帷幕》）离开社会，个人就不可能以超越生物属性的、在经验上可辨识的形式而成为人。社会对个人的强化，是通过个人自己的内在化过程实现的，个人自己意识中的事实，让他成为他自己，这是一个辩证的过程。

　　个人不是一种被动的、僵滞的东西。相反，他是在长期的对话（就这个词的字面意义而言，即一种辩证的）过程中形成，他是这个过程的参与者。也就是说，个人不是被动地吸收，而是主动地利用这个交往世界（及其适当的

制度、角色和身份）……个人继续既是社会世界的共同创
造者，又是他自身的创造者。（《神圣的帷幕》）

我们追求并实现自身生命真谛的可能性，就在于此：我们可以
创造自身、改造自身、实现自身。

二

理性的茶之道的路线图问题，可以拆为三个分问题：第一，我
们向何处去？第二，我们将经过怎样的途径？第三，我们将怎么保
持不走偏航向？

关于第一个问题的答案，佛教揭示的涅槃境界值得参考。佛教
从三个方面对此进行了描述：空的解释、识的解释、中道的解释。

很多当代人把佛教的"空"理解为纯粹的虚无主义：世界与人
生是虚无的、一无所有的。不少人在社会中遇到挫折、重大打击或
理想破灭时就认为一切事物都是虚无的，并认为这就是佛教的真
理，要"遁入空门"。这种理论是不符合佛教教义的。但是，造成
这种误解并非没有原因，因为，佛教的"空"，恰恰正是还原人这
种生物追求意义本能的真理性。

所谓意义，是人类自身外在化的结果，从根本而言，是人类赋
予世界的。世界本身从来是自然而然、变动不居的存在，正所谓：

"天地者，万物之总名也。天地以万物为体，而万物必以自然为正。自然者，不为而自然者也。"（郭象《庄子注》）生命凭什么一定要赋予意义呢？没错，人类是具备追求意义本能的动物，我们不必改变我们的本能，关键是，我们应当正确对待我们的本能。

佛教的"空"观念，正是倡导一种正确对待人生意义的理念。世间事物是变化的，没有一个永恒不变的东西，对待这种无常，世人痴迷，却以为事物将永远存在。人生现象中明明没有一个主宰体，对待这种无我，世人痴迷，以为有自由、自主、可掌握的主体之"我"。人生充满着种种苦难，对待诸苦，众生痴迷，不知去除，却追求一些外在的虚无缥缈的所谓快乐。人生包括身心在内的种种构成，无非生理活动、物理化学变化，却以为清净美好、流连徘徊。世人"常、乐、我、净"四大颠倒，只有恢复"一切行无常，一切法无我，涅槃寂灭"（《杂阿含经》）以及"诸所有受，无非苦者"（《阿毗达磨俱舍论》）一类的正确观点，才能真正掌握人生的意义所在。

大乘佛教空观指出，"色不异空，空不异色，色即是空，空即是色，受想行识，亦复如是"（《心经》），强调事物本质上就是"空"。不仅仅是表相聚散的"相空"，而且从根本上是"体空"。从缘起的理论出发看，"未曾有一法，不从因缘生，是故一切法，无不是空者"（《中论》），一切事物毫无例外都是由因缘而生的，是构成因的组

四颠倒指四种颠倒妄见，略称四倒。更完整的说法有两种：（一）有为之四颠倒，指凡夫对世间之无常执常、于诸苦执乐、于无我执我、于不净执净。（二）无为之四颠倒，指声闻、缘觉二乘人虽然具备四颠倒正见，但是，却误以为涅槃是无常、无乐、无我、不净，这也是错误的。

成之物，是不是在的"空"。

人类历史建造的所有"意义"，从根本上讲，必然是不稳固的，身处历史长河中的小小个体，生命也必然具备不稳定性。如果个人偏偏去追求各种各样的意义，那么必定人生常常生活在痛苦中。只有学会掌握自然世界的本真无意义中的现在，真正的生命意义才能得以确立。

> 凡夫多被境碍心，事碍理，常欲逃境以安心，屏事以存理，不知乃是心碍境，理碍事，但令心空境自空，理寂事自寂，勿倒用心也。又云凡夫取境，智者取心，心境双亡，乃是真法，亡境犹易，亡心至难，人不敢亡心，恐落于空，无捞摸处，不知空本无空，唯一真法界耳，凡夫皆逐境生心，遂生欣厌，若欲无境，当亡其心，心亡则境空，境空则心灭，若不亡心，而但除境，境不可除，祗益纷扰，故万法惟心，心亦不可得，既无所得，便是究竟，何必区区更求解脱也。如是降伏其心者，若见自性，即无妄念，既无妄念，即是降伏其心矣。（朱棣集注《金刚经集注》）

这是禅宗大师黄檗希运对《金刚经》进行注解时所作的发挥。佛教的空，只是为了让人懂得并做到不要我执、法执，不要再总是追求"捞摸处"，从而真正解脱。

如果说，佛教的"空"之理论是通过否定世俗意义揭示真正的生命意义，那么可以说，佛教的"识"之理论，就是直接讲解什么是生命真实的意义所在。

在佛教的瑜伽行派看来，生命的秘密就是"三类八识"。事物的根本、生死轮回的种子，可以保存过去的记忆、经验，还可以保存人们过去行为产生的"业"，是生存的根源，是生命存续的主体，能"于身随逐执持"，具有"执持"作用，它被称为"阿陀那识""执持识""藏识"或"阿赖耶识"，这是第八识。在此基础上是第七识"末那识"，它依靠"阿赖耶识"产生和运作，同时对第八识发生"思量"的作用，把第八识思量为我，从而产生"四烦恼"：我痴、我见、我慢、我爱。第七识进一步变化产生"前六识"：眼识、耳识、鼻识、舌识、身识、意识，从而发生色、声、香、味、触、法的作用和现象（《解深密经》）。前六识是起分别作用的"了别境"一类，与起"思量"作用的第七识、起"异熟"作用的第八识，合称三类。正所谓："由假说我法，有种种相转，彼依识所变，此能变唯三，谓异熟思量，及了别境识。"（《唯识三十论颂》）

佛教的"识"理论，认为"唯识无境"：生命过程中的所有万象，根源上都是这八识所变现，"一切唯识"。八识中，前六识是第七识的变化，第七识是第八识的变化，第八识才是生命的根本。因此，人生的意义在于：重新发现并了解

瑜伽行派是大乘佛教两大思想流派之一。该派创立人传说为弥勒，现代学者认为无著和世亲兄弟为实际奠基人。"瑜伽行"一名来自无著的（亦说是弥勒的）《瑜伽师地论》，意谓从事瑜伽禅定修习者。

转识成智是唯识学成佛理论的核心。"识"分为八，"智"有四种。"转识成智"就是转舍有漏之八识，转得无漏之四智。八识与四智的相应关系是：转前五识为成所作智，转第六识为妙观察智，转第七识为平等性智，转第八识为大圆镜智。

与自己身心中本来就存在的第八识的固有联系。换句话说，就是直接与"真我"建立起意义关系，而不是与它变化的临时假象建立意义（"转识成智"）。

这里特别需要注意的是"由假说我法"的观念。所谓的第八识，并不是实在的根本"有"，因为佛教最核心的理念就是反对万物背后另外有个恒常不变的本体"我"，佛教的基本主张是"无我"。佛教之所以提出第八识的理论，目的是：

> 为遣妄执心心所外实有境故，说唯有识；若执唯识真实有者，如执外境，亦是法执。（《成唯识论》）

从根本上讲，识理论与空理论是一致的，识理论建立起一套体系，由分析该体系的根本性质而说明世界万象的"空"，万象归根到底的第八识，同样不能执着。所以《解深密经》有云："阿陀那识甚深细，一切种子如瀑流，我于凡愚不开演，恐彼分别执为我。"极力将识理论与"有我论"划清了界限。

因此佛教的基本观念"中道"极具价值。严格地说，这是一种思维方式，是佛教中观派的理论核心。中道的思想是对大乘初期般若空思想的发挥。般若类经典如《金刚经》中"佛说般若波罗蜜，即非般若波罗蜜，是名般若波罗蜜"，经常使用"不""非"对事物的具体性质进行否定，同时，在否定中包含有肯定，通过否定的形式来进行肯定。中观派《中论》认为"众因缘生法，我说即是空，亦为是假名，亦是中道义"，认为世界上的一切事物以及人们的认识甚至包括佛法在内都是一种相对的、依存的关系（因缘、缘会），一种假借的概念或名相（假名），它们本身没有不变的实体或自性（无自性）。对缘起的事物讲"无"和讲"有"都不能走极端，要把二者结合起来，才不片面。这也就是"中道"的根本含义。

万事万物总体而言，可以使用八个概念来说它们的特性：生、灭、断、常、一、异、来、出。人们通常使用这些概念来说明事物，但是，如果使用这些概念说明生命的"实相"，就必然陷入谬误，事物的"实相"是不能"分别"的。所以需要纠偏，"不生亦不灭，不常亦不断。不一亦不异，不来亦不出"（《中论》），在纠偏的过程中，人们就会体验、把握生命的"实相"。

中观派是大乘佛学的两大基本潮流之一。其创立人为大乘佛教思想家龙树。6世纪佛护作《中论注》，清辨作《般若灯论释》，与当时流行的另一种思潮唯识论开展了"空有之争"后，大乘佛教才开始分出中观派和瑜伽行派。中观派分成应成派（归谬论证派）和自续派（独立论证派）两派。后来中观与瑜伽行大乘两个学派开始融合，形成中观瑜伽行派。

我们关心自己，是生命的必然，关心自己的生活，关心自己的身体，关心自己的灵魂。但是，关心不能盲目，南辕北辙的事情必须避免，认识实相，认识真我，才可能做到关心自己。因此，认识自己，必然是实现关心自己的前提、方法、途径、关键、核心，甚至自身。只有拥有真实的基础，意义的建立才真正成立。

生命的真实是什么？佛教"空"理论通过反面的途径进行描述，"识"理论通过正面的途径进行描述，"中道"理论强调正面反面的相互平衡。

佛教指出，真实就是"缘起"：即"依条件而产生"。一切依

"缘"而起的东西都是"有为法"。

> 所谓"缘"指"因",即事物存在的原因或条件,但这
> 种原因或条件不是指事物存在的根本因(如造物主或万有
> 本原一类的东西),而是指处于依存关系中的某种事物作为
> 他物存在的条件,而其自身又需要另外的事物作为存在条
> 件。(姚卫群《佛法概论》)

早期佛教将这种观点用于解释生命现象,后来小乘将它应用到
解释整个宇宙,大乘用它论证"性空"。

万事万物都是有为法,是没有内在根本恒常不变的性质的,是
"无常""无我"的,如果与其中任何一点建立意义的关系,都是不
稳定的、是必然破灭的虚妄。只有透过"假有"的万事万物,把握
其中真实的"性空"即变化本身,并与建立生命的意义关系,生命
的意义才真正成立。

每一个生命,都是缘起的结果,都必然同样与"性空"本来就
关联一致,因此每一个生命都有建立根本生命意义的可能,就是
说,众生皆有佛性,生命的解脱,就在世间。

> 诸法实相者,心行言语断。无生亦无灭,寂灭如涅
> 槃。一切实非实,亦实亦非实。非实非非实,是名诸佛
> 法。自知不随他,寂灭无戏论。无异无分别,是则名实相。
> (《中论》)

从这个意义上说，诸法实相即是涅槃，涅槃与世间，无有少分别。

这种解脱的指向，正是禅宗的趣向：认得自家本来面目。

《金刚经》云："一切圣贤，皆以无为法而有差别。"大意是指"一切圣贤"之所以有修行位次上的种种差别，是由于对"空性"——"无为法"的证悟程度不同。引申而言，也可以说，一切文明，古往今来一切圣贤，凡是对生命真谛与意义有所建树、有所领悟的，简单地说，凡是得道成就的人，只因个人程度深浅不同，因时、地的不同，所传化的方式与内容有所不同而已。佛教想说的，其实正是其他文明同样想说的一个东西。

茶之道，应当通向这里。

三

那么，建立这种生命真实意义关系的过程中，将会遇到哪些情况呢？佛教提出的观音法门，值得探讨。

这个法门从闻思修（闻声、思惟、修正）开始，争取进入"定"的境地，争取在听的状态中，心灵越来越宁静，听得到各种声音，心灵越来越超越于声音之上，达到极致，乃至进入没有什么可听的境地（入流亡所），这是达到的定境，非常安静，世间的动与静，都远离心灵不出现。这样的状态保持到极致，心灵能听的机能与所听的对象都不再束缚心灵。这时，不是不能听，也不是听不到，而是心灵面对听的功能与所听的内容都能够自由自在（尽闻不住）。这种自由状态，让能听的机能、所听的音声都成为心灵的感觉，心灵要继续保持宁静，达到极致时，这个感觉，以及感觉的机能，同样不再束缚心灵，这个时候，心灵进入的状态是自由的"空"状态。这种不被感觉束缚的"空"状态以及感觉，并不是什么都没有，而是相互功能的自然发挥，久而久之，达到充分的状态（极圆）。这时，心灵能自由的功能（空）以及无束缚的自由状态（所空）也就无所谓存在不存在了，因为总是处在无束缚状态，不再消失，从而也就没有所谓的产生。自由的获得与消失现象都不再存在后，达到极致，真正的大自由（寂灭涅槃）才会真正实现，超越世界与生命的全部，获得生命的根本成就。

应当说，这个过程是一个通过内在体验不断坚持与真我建立联系的过程。可以看到，这个过程首先要有坚定的意念（发菩提心），进而通过从声音（闻）入手，训练自己分辨出（思）什么是内在的心灵、什么是心灵关联的一些现象，一层层地剥落，是所谓"为道日损。损之又损，以至于无为"的内在体验（修）过程，这个过程，要保持持之以恒的状态（定的境界），要保持"认识自己"（思）的态度与方法，认识什么是心灵，什么是心灵的现象，不被种种现象所迷惑。通过不断对内体验，认识到各种声音的存在，认识到"能听的心"与"心在听的声音"不是一回事。为了关心自己，建立自我与自我的意义，就需要努力去体验那个"能听的心"，让自己与"能听的心"建立关联。如此不断体验，就会有一天建立这种关系从而"入流亡所","动"与"静"不再干扰心灵。进一步地，"能听的机能"与"所听的内容"被分辨开来，心灵当然要进一步去体验"感受到这种分别"的那个能感受的"觉"，在这个层面上，"觉"才是真我，所觉是非我。通过内在体验这个"觉"再进一步认识自我，久而久之认识并体验到"空"的一层，此时"觉"不再是真我而是非我，心灵体验的力量又集中在对"空"的体验上。再进一步空觉完全体验到极致，才可能实现涅槃，达到生命的彼岸。

应当说，这是个相当难的过程，但是，这个过程是一个自我认识的过程，自我认识本身，可能需要慢慢来，也可能快速实现，如果伶俐，当然顿悟。

可以看到，整个过程是一个精神世界不断开拓的过程。所以，茶之道应当关注的，应当是在茶事过程中如何形成合乎观音法门的灵魂。所谓茶之道，无非是满足寻求人生终极真理的途径之一罢了。

古市播磨法师：

此道最忌自高自大固执己见。嫉妒能手、蔑视新手，最最违道。须请教于上者提携下者。此道一人要事为兼和汉之作，最最重要。目下，人言道劲枯高，初学者争索备前、信乐之物，真可谓荒唐之极。要得道劲枯高，应先欣赏唐物之美，理解其中之妙，其后道劲从心底里发出，而后达到枯高。即使没有好道具也不要为此而忧虑，如何养成欣赏艺术品的眼力最为重要。说最忌自高自大，固执己见，又不要失去主见和创意。

成为心之师，莫以心为师，

此非古人之言。（转引自滕军《日本茶道文化概论》）

这是日式茶道开创人村田珠光在给弟子的信函中对茶道的著名理解，人称《心之文》。在日本将茶称道，是珠光的首创。这篇文字的主要话题是关于茶具，珠光站在茶道如何操作的立场上阐释了自己的观念。但是显然，他认为茶道的关键在于精神世界：心。这种观念直接奠定了千利休对茶道的理解：草庵茶道之第一要事为领悟佛法，修行得道。

茶道之要，在道不在茶。自珠光之后，日本式茶道的大茶人，都要去禅寺修行数年，从禅寺获得法号，并终生接受禅师的指导。

茶道的文化形式是非常严肃的。茶室便是修炼人格的道场，进入茶室后要处处留意。主人与客人都是以修道为目的而走到一起的。（滕军《日本茶道文化概论》）

茶道是将宗教中对道的追求与修行从寺庙中解放出来，将禅的道路安放到茶中，将僧侣从坐禅的形式中解脱出来，化作俗世生活中的茶人。

茶道作为新的禅的表现形式，综合了日常生活的一切形式。茶道与一般艺术形式不同，例如绘画、戏剧、舞蹈，

它们只包含生活的某一部分，而不能笼括整个生活。而茶道确是一个完整的生活体系。（滕军《日本茶道文化概论》）

应当说，茶之道是一种完整的生活方式。它是根源性的文化，它修炼人的身心，它由人而创造，同时又让创造它的人被创造而获得新生。

茶之道，就在生活之中。尊奉茶之道的茶人，不被固定的社会身份所束缚，他们过去如何生活，在尊奉茶之道之后，他们的生活内容仍然如此，改变了的，是对待生活的方式。

人必须穷其一生关心他的灵魂，不论是年轻时还是年老时，人只有在不停地关心自己的过程中才能得救。对待生活的内容有两种态度，第一种是因果的认识，第二种是关系的认识：主体与其周遭的各种关系——世上万物、世界、人，甚至诸神。通过这种认识获得真正的知识，人的存在方式就会实质上得到改变，在内容没有改变但是性质已经完全改变的新的生活方式中，人，才成了最好的（福柯《主体解释学》）。

茶之道，就是让人能够实现这种转变的最贴近生活的途径：通过茶之事"启"的环节，人开始准备体验学习从关系的立场看待世界；通过茶之事"显"的环节，人进入体验学习的状态；通过茶之事"封"的环节，人理性总结学习的成果；通过茶之事"隐"的环节，在生活中运用自己的学习所得，让自己的生活方式得到改变，让自己的生命成为最好的。

这个过程，需要借助专门的能够沟通"道"的"器"。这些茶

器，专门用于茶之事。这些专属的器，当然需要根据主人的审美观
进行拣择，但是这些器物单纯从物理属性上而言，与世间其他的器
具并无不同，关键是这些器物是根据主人的审美观选择的，主人能
够感受到其中的美，因此主人必然能够通过这些器具让自己感动。
对茶具的主人而言，这些器具就是神圣之物——神圣的茶事空间、
神圣的茶事时间、神圣的茶事生命体现、神圣的礼仪用具，通过它
们，客人得以与主人互动。

　　所谓最佳的茶道的做法，就在于如何预知和把握此时
此刻的变化而发挥自己的创意。
　　不是此刻的创意，而是此时此刻的创意。
　　所谓此时此刻的创意，亦即客人猛然醒悟主人心意那
一瞬间主人的做法。（千玄室《茶之心》）

　　主人通过这些神圣之物，可以在向客人献茶的活动中，通过自
己心中的美与神圣沟通，这些器，是显道的器。对参加主人茶事的
客人而言，这些茶器是主人所体悟之道的展现，可以通过他人的展
现，比较自己内心对道的体悟，通过与主人心意的交互，实现与神
圣的沟通。
　　当然，茶事中茶器对道的显现并不能天然就实现，需要参加茶
事的主客双方共同活动，相互交接，才能够完成。在这个过程中，
如何让世间的要素尽可能地减少？如何让主人客人将精力集中在内
涵精神的层面？如何祛除红尘、时空、身心的污浊庸俗？如何展露

精神、超越、本体的洁净精微？如何远离世俗？如何接近神圣？如何排除分别？如何完成一体？日本式茶道经验是这样的：

　　今天，一提到日本茶道，马上会有人将其与"盛装""华丽"之类的词联系起来。我每次听到这类词都会很难过。仅仅是一些外表上的东西被大家瞩目，这不是我们的本意。我们希望大家关注的是茶道的内容，茶道的心的部分。

　　但是茶道的心又是什么呢？其实，这是一个很模糊的不易把握的概念，就如同人于漆黑一片之中，摸索着寻找出口一般，仅仅依靠语言是不易解释明白的，因此，先人们为我们创立了各类的点茶法。

　　点茶时，通过一次进行的洗茶筅、叠帛纱等具体的动作，我们就可以切实地一步一步地接近茶道之心。我经常讲，点茶的过程就是"向型（点茶的模式）中输注血液的过程"。血液是点茶者的灵魂、生命。即使你的点茶动作很笨拙也不怕，只要你全力以赴认真地去做了就可以。唯有如此，"型与血"才会融在一起而产生"形"。

　　这"形"已非呆板的没有生气的"型"，它融入了点茶者之灵魂，充满了生机和活力。（千玄室《茶之心》）

由此可知：依照种种茶礼的程式，按照"俭、净、敬、和"的茶之契，茶人就会与茶真正结缘，完成一场完美的茶事。

茶事活动中锻造出来的人，即使将茶器封存，即使回归世俗的生活，心中的茶事仍然在继续，将自己通过茶而拥有的体悟，透过世俗拥有神圣。这样的人，才是真正的茶人。这样的茶人，才真正走上了茶之道，拥有了超越自我生命的可能，生命是最好的。

什么是茶之道？茶之道就是坚持现世中对领悟真理的理性追求；茶之道就是依循禅宗佛教等理性道路探索的觉悟成果；茶之道就是遵循依礼设置的"隐、启、显、封"四环节构成的茶事生活方式；茶之道就是借助茶之器并按照"俭、净、敬、和"四大茶之契尝试与茶结缘；茶之道就是让人生改变自己的生命，成为一个真正的茶之人。

一

茶道中人，不是为了恣意享乐、追逐口腹之欲，不是为了铺张
富贵、彰显奢华，不是为了追赶潮流、附庸风
雅。茶道中人，不是为了哗众取宠、拉拢关系，
更不是为了囤积居奇、追名逐利。

茶道之人，不是茶农，不是茶官；不是茶厨
师，不是美食家；不是品茶师，不是茶艺师；不
是茶学者，更不是茶叶商人。

茶人，是"茶气"不浓也不淡的人，是拥有
茶性生活方式的人。

世界上有两种生活方式：事实上关心自己的生活方式；事实上
不关心自己的生活方式。

大多数人认为，自己理所当然是关心自己
的。事实上，他们根本不曾关心自己，因为人可
能会自欺，他们不知道什么是真正的自己，他们
很可能并不清楚当他要关心自己的时候必须要做
什么。

冈仓天心强调：一
个没有茶气的人，
是对生活趣味愚钝
的人，而一个茶气
过重的人，则是流
于自我感性的人。
茶气过淡或者茶气
过重，都是非正常
理性生活状态的人。

"真正关心自己"是
苏格拉底关注的重
要主题，它至少在
《申辩篇》中有三段
反应，福柯对此进
行过精彩的分析。

人们关心自己的脚，为它套上漂亮的鞋子；人们关心自己的身，为它随季节变换舒适的服装；人们关心自己的头发，为它使用各种护发素并且变换各种造型；人们关心自己的口舌，只要可能就尝试各种美味；人们关心自己的耳眼，古典音乐、时尚歌曲、电影电视充斥着生活的每一天；人们关心自己的情绪与心情，总是努力让快乐、轻松与惬意充斥自己的内心。

但是，脚是真正的自己吗？头发或身体的某一部分是真正的自己吗？口舌耳眼，是真正的自己吗？情绪是真正的自己吗？

真正的自己是什么？我们有必要首先搞清楚这一点。真正关心自己的人，必然首要的工作就是："认识你自己"——这是德尔菲神庙的铭言，这是苏格拉底确立的整个西方哲学的基础原则，这是西方世界全部智慧的起点。当然东方智慧也当仁不让，孟子曰："行有不得者，皆反求诸己，其身正而天下归之。"反求诸己，人对自己进行关注、注意和知觉，目光转向自身、退回自身、照料自己、尊重自己、释放自己、解放自己，这是生活的艺术。(福柯《主体解释学》)

很多人以为，张扬自我的个性，当然就是放纵自己的欲望；无限制地追逐自己火热的热情与需要，当然就是自我的彻底解放与自由。问题是：这真的是当然吗？

"我自己"与"我自己的欲望"，这是两种东西，一种是内在的灵魂，一种是附着在灵魂上的其他东西。并不是说欲望本身是错误的，问题是，如果把自己的欲望当成了自己本身，那么，真正的自己就被另外的东西所奴役，丧失了自由。这种人，无论自己以为自己如何如何关心自己，在事实上，他所关心的是欲望，他是关心欲望的人，不是关心自己的人。他的生活，是事实上关心欲望的生活方式，不是关心自己的生活方式。

　　自由意志是什么意思呢？它指的是人有所求，而且不受制于这种或那种事件、这种或那种表象、这种或那种爱好。自由地欲求，就是不受限制的欲求，而"不关心自己的人"（stultus）则是同时受制于内在与外在东西的人。（福柯《主体解释学》）

这种人，向整个外在世界无原则地开放自己，向各种所谓的时尚、社会潮流开放自己，社会生活与外在世界的各种表象都进入到他的精神中来，让社会中的各种事件与表象与他内在的激情、欲望、抱负、思维习惯、幻觉等相融合。福柯指出，这种生活状态就是古代哲人已经指出的 stultitia 状态，这种事实上不关心自己的人就是 stultus，他们分不清究竟自己的内心什么是真正的自己，什么是外来的表象，因为他们向一切外在世界的表象无原则地开放。

不关心自己的人（stultus）同时想要得到许多东西，而且这些东西各不相同，他们总是想要某些东西，同时又为之感到遗憾，他们求来求去，但又总是那么迟钝，他们的意愿不停地半途而废、不停地改变目标。

这种人告诉自己：自己的放弃或者改变，是因为自己改主意了，为了尊重自己的选择，为了捍卫自由，为了捍卫个性，为了畅快无悔的人生，所以当然就要不停地改变。事实上，并不是自己改主意了，是本来自己就没有什么主意，改变的是欲望和情绪，被尊重的是欲望的不满足，被捍卫的是情欲的自由，被畅快无悔的是本能。这些全部通通不是真正的自己。

这种人的自己，从来没有被真正关心过。

这种人真正自己的欲求，从来没有被真正关心过。他们生活的内容，与真正的自己不相关、没联系、不相属。事实上，他们的欲求从来都是与自己无关的欲求，真正自己的欲求从来就没有。

> "stultus" 主要是指无所欲求的人，它对自身也没有什么要求，也不想得到自身，其意志不是以人可以随意地、绝对地一直追求的这个唯一对象，即自身为目标。（福柯《主体解释学》）

不关心自己的人，生活是有限的、相对的、片断的和变化的。

他们的一生碌碌无为，因为他们任凭时间白白流逝，他们的一生，以及他的生存，不停地改变，过得毫无记忆和意志，换句话说，他们的生活方式一直在变。他们青少年时过着一种生活方式，成年后，则过另一种生活方式，到了老年，则是第三种生活方式，他们从来不考虑未来，总是不停地改变生活，甚至，每天都改变生活方式。

他们的理由是：为了自由与个性。没错，这是一种自由，这是欲望获得了自由，这是动物的本能在人间得到了自由，这是自古以来诱惑人类放弃自我的心魔获得了自由。他们张扬的，从来不是什么个性，恰恰相反，他们张扬的，是人人都一样（甚至与普通动物一致）的欲望，而且自古以来没有什么新鲜内容。

他们以自由的名义，放弃了真我的自由。第欧根尼说：仆人们是他们主人的奴隶，而不道德的人则是他们欲望的奴隶（《理想国》）。苏格拉底反问人们：放纵的人凭什么就比最愚蠢的傻瓜强呢？（色诺芬《回忆苏格拉底》）

当人还没有关心自己时，个人就处在这种"stultitia"状态中。一旦人们开始真正关心自己时，人们就会拷问自己：

> 什么是人可以自由地、绝对地、不断地欲求的对象呢？什么是意志为追求之而可能被极化的对象，以至于它可以在不受任何外在的限制下自行其是呢？什么是意志可能绝对地欲求的唯一对象呢？什么是意志能够一直想得到的对象，而不论环境如何，也不必随着时机和时间的改变而改变？人可以随意追求的唯一对象，而且不必考虑到外在的限定，这当然是自身。什么是人可以绝对地欲求的对象，也就是不牵涉到任何其他东西？这就是自身。什么是人可以一直追求的对象，而不必因时间或时机而改变？这就是自身。（福柯《主体解释学》）

摆脱 stultus 状态，追求自己，诉诸自身，人能够以自身作为可以随意地、绝对地一直追求的唯一对象。开始这种生活的人，是生活在关心自己生活方式中的人。关心你自己，这就是一切。而且，关心自己总是包含生活方式的选择。

全部的选择可以分为两种，第一种，酒中道，第二种，茶中道。酒中道，热情、神秘、出世、狂热；茶中道，欢愉、经验、理性、静穆。茶中道可以有很多种的形态，其中，让我们普通人也能奉行的，是与茶结缘，通过与茶结缘，坚持在现世中对领悟真理的理性追求，通过茶事的奉行探索茶之道。通过小小的饮食，让人生改变自己的生命，成为一个真正的茶人。

茶，是一种普通的饮品，但是，当有人对我们说：请说一说，你们是怎么活的？你们是否真的在关心自己呢？我们这些尊奉茶事的人，可以坦荡地回答：是的，我们通过茶道的学习，学会了真的关心自己，我们在努力做好一个茶人。

二

茶人的生活方式所应当遵循的基本路线，从根本上说，就是孟子所倡导的反求诸己。与这一原则最相像的是曾子的"三省"观——天天自我反思，这与孔子的精神是一致的：

> 子路问君子。子曰："修己以敬。"曰："如斯而已乎？"曰："修己以安人。"曰："如斯而已乎？"曰："修己

以安百姓。修己以安百姓，尧舜其犹病诸？"（《论语》）

虽然没有像孟子这般明确讲出，但孔子对向内探寻的方向是明确的。

转向自我，这是最一般的原则。人的主要目标是在自我中、在自我与自我的关系中探寻。

> 必须专注自身，即必须从周遭事物转向自身。我们必须从一切有着吸引我们注意力、激发我们热情，又不是我们自己的危险的东西转向自己。必须从他们那里转向自己。必须在整个一生中，把注意力、目光、精神以及整个生存都转向自身。把我们从一切让我们远离自己的东西那里转向我们自己。（福柯《主体解释学》）

这是一种眼光的转换：千万不要在无益的好奇心的驱使下四处张望，无论这是对日常变化和其他人的生活的好奇心，还是要发现最远离人类的自然及其相关东西的奥秘的好奇心。

这一原则，同样是西方人经历的自我技术中最重要的技术之一。罗马人也有类似曾子的日三省吾身。塞涅卡对罗马将军塞克斯蒂乌斯的指导时认为，在每一天晚上就寝进行沉思时，最重要的是问自己的灵魂："你已经改正了什么缺点？你已经战胜了什么邪恶？你靠什么才成为最优秀的呢？"（福柯《性经验史》）

茶人的生活方式，就是始终贯彻这一原则，如同陀螺一般，是某个始终朝自身转的东西。陀螺在外在冲击下激发着向自身转，同时，通过自身的自转，不断呈现自己，它看上去是静止的，但实际上是运动的。茶人的智慧也应当这样，关心自己的人，不要让自己因外在运动的刺激或冲击而发生不由自主的运动，相反，关心自己的人，必须在自身的中心寻找立身之处。

> 人必须面向自身，面向自身的中心，并在自身的中心中，确立自己的目标。而人必须完成的运动必须回归这一自身的中心，以便最终在此寂然不动。（福柯《主体解释学》）

这种转向自我，是一种轨道，由于它，人避免了一切依赖和奴役，最终与自我合一。

这个自我的转向，必然是一个自我节制的自制过程，必然需要克服各种好奇心，克服各种外在的引诱、内在的欲望。所以，茶人的生活方式的中心，是一个始终需要慎独的过程：

> 颜渊问仁。子曰："克己复礼为仁。一日克己复礼，天下归仁焉。为仁由己，而由人乎哉？"颜渊曰："请问其目。"子曰："非礼勿视，非礼勿听，非礼勿言，非礼勿动。"（《论语》）

慎独是儒家的一个重要概念。慎独讲究个人道德水平的修养，看重个人品行的操守，慎独是儒家修行的最高境界。慎独是一种情操；慎独是一种修养；慎独是一种自律；慎独是一种坦荡。慎独是人们在独自活动无人监督的情况下，凭着高度自觉，按照一定的道德规范行动，而不做任何有违道德信念、做人原则之事。这是个人道德修养的重要方法，也是评定一个人道德水准的关键性环节。

克服自己，节制自己，这是一种做人的基本能力，是"眼光转向自我"原则的必然要求。

人生存的这个世间，人的一生，人的生命，有很多不可控的因素，生老病死中的苦与乐，究竟哪些是对我们关心自己的破坏？哪些是有助于我们对自我的关怀？万物因缘不是我们所能随意改变的，但是因缘对我们内心的干扰，我们是可以分辨并且加以控制的，我们可以从一切有着吸引我们注意力、激发我们热情、又不是我们自己的危险的东西转向自己。实现这一转向的能力，就是对自身的节制。

茶人在茶事"显"的环节所需要学习的，就是体验掌握各种各样对自我的节制从而实现转向自我：节制自己对周边万物的世俗的行为，节制自己面临神圣的世俗精神状态，将自己导向唯一的方向——转向自我。

没有仪式化的茶会，不能算作茶礼；没有神圣化的茶礼，不能算作茶事。茶事的"显"，就是通过各种各样的礼，让自己通过节制的主动行为，调整自己与万物的关系，从而实现自我转向自我。自我灵魂的秘密，就是神圣本身。

在这个转向的过程中，身、语、意，三方面都按照茶礼的要求全神贯注，身体有身体的礼法，行动有行动的礼法，言辞有言辞的礼法，精神有精神的礼法。每一个动作，每一个眼神，每

> 波罗提木叉，意译分别解脱、随顺解脱、正顺解脱、处处解脱、保得解脱。亦称"戒本"，意为解脱烦恼的必由之路，是戒定慧三学中的"戒"。

一个观念，都要争取被控制——节制。所谓戒、定、慧三学的戒，正是对身语意的控制，《佛遗教经》中叙述佛陀在入灭前的最后说法："汝等比丘！于我灭后，当尊重珍敬波罗提木叉，如暗遇明，贫人得宝，当知此则是汝大师。"佛在世时，以佛为师，佛涅槃后，以戒为师。

身、语、意本身并没有什么过错，身、语、意的快感或者痛苦感本身也没有什么过错，我们要节制它们并不是为了节制而节制。茶人要做的，是强化自我与自我的关系，让自己不受各种欲望、感知与快感的左右，控制与战胜它们，保持神志清醒，让内心摆脱各种激情的束缚，充分地自我享受或完美控制自我的生活方式。苏格拉底认为：

> 唯有节制才让我们忍受我所说的各种需求，同样，唯有节制才让我们体验到一种值得回味的快感。（色诺芬《回忆录》）

节制是与自我的角斗，以战胜自我为目标，并且需要不断地训练。

茶人知道，自己的灵魂混杂太多的红尘非我，需要太多锤炼。

> 某茶道修炼场悬挂着"耻搔处"这样一块匾额。其意即只要你跨进这扇门，无论出多大的丑，也算不上出丑。在这里受尽了叱责，出尽了丑，从而修炼成出色的茶人，这正是茶道修炼场存在的意义。

由于经过了这种严格的修炼，所以到了正规的场合，你才会举止出色、大方得体，不出一点丑。只有这样，高尚的人格才会逐步养成。

欲达到此境界，必须躬身实践，否则光靠读书或听他人的经验之谈是不能很好地领悟的。(千玄室《茶之心》)

转向自我，并不是一时一事的事情，关心自己、关怀自己，这是必须伴随整个人生的持久的义务。茶人在茶事"显"的环节体验探索的各种自我的技术，在"隐"的阶段，当然要带回到日常的生活中来。让自己即使在纷纷扰扰的红尘中，也依然能够保持转向自我，保持对自我的关心。所谓"非礼勿视，非礼勿听，非礼勿言，非礼勿动"，并不仅仅是一个处理人际关系的生活原则，它是处理整个人生的原则。茶人的生活方式，整体上完全是一个"礼"的生存方式，面对自然、面对社会、面对众生、面对自我，无论群居，无论独处。东方的"仁、义、礼、智、信"也好，西方的"智慧、勇气、正义、节制"也罢，并不是外在的道德伦理约束，而是自己对自己生命负责的必然训练，无时无刻"不放逸"地训练，训练自己真正做到关心自己。

在历史上，基于"转向自我、自我节制"的反求诸己这一出发点，系统的"格物、致知、正心、诚意、修身、齐家、治国、平天下"(《大学》)的生命理路，成为东方儒家的正统生活方式模式。西方希腊罗马人也基于"关心自己"的原则构建系统的生活方式，认为关心自己是政治权力的基础，养生学、家政学、性爱论基于关心自我而被系统化。值得指出的是：关心自我的结果，可能导致"改造自己"，也可能导致"否弃自己"，后者将可能导向"隐居、禁欲、苦行"的生活方式。那么，茶人在追求关心自我灵魂的过程中，要否弃自己走苦行之路吗？

佛陀在建立佛学思想时提出，享乐与苦行都应当被反对：

> 五比丘！当知，有二边行，诸为道者所不当学。一曰着欲乐，下贱业凡人所行；二曰自烦、自苦，非贤圣求法，无义相应。五比丘！舍此二边，有取中道，成明、成智，成就于定而得自在。趣智、趣觉，趣于涅槃，谓八正道：正见乃至正定，是谓为八。（《中阿含经》）

对"苦"与"乐"的极端，佛教都予以否定，但也不绝对否定二者。这种对待苦乐的立场也被人称之为"八正道中道"。

茶道是普通人也能进入的灵魂疗养所。茶道为普通生活中的人提供了一条道路：通过茶道的学习，学会并在普通生活中建立疗养自我灵魂的新生活方式。因此，茶人既要节制，又不宜禁欲苦行，当遵循苦乐中道的原则。"君于中庸，小人反中庸。"（《中庸》）

让节制适度，通过茶道学习四大茶契、实践四大茶契，让普普通通的生活中目光也能转向自我，反观自我、倾听自我，实践、训练、生活融为一体。茶人，在自己的日常生活中，建立起新生活方式，是能够真实关心并疗养自我灵魂的人。

三

　　节制的要求贯穿"俭、净、敬、和"四大茶之契，是导引茶人借助茶礼实现内心转向的现实性与精神性共通的方法原则。节制体现在"俭"中就是约束，约束享乐、约束情绪、约束奢华、约束意念，等等。约束是俭的精髓。

　　茶人在茶道的学习与实践中直面自己的不足，认真约束自己，约束自己的欲望，约束自己的情绪，从生活到心灵，做好"俭"束自己，开启让人发挥"诚"之心的大门，真诚地面对万物，真诚地面对自己，面对万事万物的"易"，才可能将《周易》揭示的"洁静精微"道之器的精神细细体会，才可能将弥纶天地之道、与天地准的《周易》君子精神细细体会，才可能做到老子说的："知人者智，自知者明，胜人者有力，自胜者强。"这是一个心态、物态上不断"净"的过程，正所谓"为道日损"。

　　"俭"与"净"，在茶人的生活中不断坚持并形成一定规范的"礼"，那么，茶人旧的生命关系就得到"清理"，可以开始重新梳理、调整、构建、协调真我与万物的真实关系，这个主动重新构建的努力，通过理性的自我关注展开，这就是"敬"。按照宋明道学的说法，这是一个随处体认天理的过程：

　　　　体认天理，而云"随处"，则动、静、心、事，皆尽之矣。若云"随事"，恐有逐外之病也。孔子所谓"居处恭"，

乃无事静坐时体认也，所谓"执事敬""与人忠"，乃有事
动静一致时体认也，体认之功贯通动、静、显、隐。（黄宗
羲《明儒学案》）

在生活的时时处处事事方方面面，努力去做到"涵养主敬"，
转向自我，体认内心。朱熹指出：

人能存得敬，则吾心湛然，天理粲然，无一分着力处，
亦无一分不着力处。

敬有甚物？只如"畏"字相似。不是块然兀坐，耳无
闻，目无见，全不省事之谓。只收敛身心，整齐纯一，不
恁地放纵，便是敬。

敬不是万事休置之谓，只是随事专一谨畏，不放逸耳。

敬只是常惺惺法，所谓敬中有个觉处。（《朱子语类》）

主敬涵养的功夫，第一要求收敛，身心向内，第二要求谨畏，
保持敬畏的状态，第三要求惺惺地，内心总处于一种警觉、警省的
状态，第四主一，专一、纯一、无适，第五整齐严肃。

这种因为对自我的关心必然引发的对内在"快感、欲望、悲
伤、担心、贪婪、愚蠢、不义"和许许多多情绪的节制性要求，要
求关心自我的人学会忍耐，而且，在生活中进行种种的忍耐的实
践；它要求人能够承受各种艰难困苦的考验，或者是抵制各种可能
出现的诱惑。转向自身，反观自己，首先是目光从其他东西上移

开，其次是重新建立与万物的认识关系、生存关系。这个过程，充满了训练、实践、培养和修行，它们是转向自身的重要因素。（福柯《主体解释学》）

　　"俭"与"净"，是为"敬"——重新构建真我与万物的生存关系——做好预备工作，经过"敬"的重建过程，茶人新的生活方式得到建立，进入生命不断更加"和"的状态。

　　事实上是否关心自己，与一个人的社会地位、财富、权势、名誉、知识、材具、健康、血缘、家族等等并不相关。能否真正去努力将目光投向自身或者对自己保持警惕，能否向自己探寻

> 所谓"和"，本质上是先天具备、后天建立的不同于七情"喜、怒、哀、惧、爱、恶、欲"的一种心灵状态，可谓是第八情。

出的理想的真实自我不断回归，这是一个人是否真实关心自己的根本关键。

　　事实上关心自己的一个人，他的生命历程就像是航海，这个过程，包含着从一点到另一点的变动和轨道的含义，也包含着驶向安全港口的含义：回到彼岸的祖国，人的灵魂可以躲避一切。在这个路线上，人们可能遇到各种危险，可能迷失方向，因此，这个过程，包括一种知识、一套技术、一种艺术，是整套的生活方式。

　　实践"敬"的过程，是茶人真正建立整套新生活方式的过程。"敬"，是四茶之契的核心。敬是对自我的不断关注与关心，敬即炼己。古语"立基于敬，体验于无欲"（《明儒学案》）稍稍改动一下为"立基于敬，体验于不为欲困"，那么这正是茶人生活方式的核心。

　　对于"敬"原则的实践途径，孔子就已经提出"居处恭、执事

敬"，宋明道学更是对"主敬涵养"进行了反复探索。

在具体实践"敬"建立自己生活方式的过程中，明道先生程颢特别强调自由活泼的"敬"，"执事须是敬，又不可矜持太过"（《二程集》），敬应当克己复礼，要恭，但也要安乐，这才是孔子以身作则的"恭而安"（《论语》）。持敬而不安乐，说明持敬不得法。"敬乐合一"是程颢追求的境界，"谓敬为和乐则不可，然敬须和乐"。（《二程集》）

围绕孔颜之乐问题，传统上认为宋明道学有两种不同的意见，一派是周敦颐、程颢开始的洒落派，主张寻找孔颜之乐，求洒落胸次；另一派是程颐与朱熹代表的敬畏派，强调敬畏恐惧，常切提撕，注重整齐严肃。其实从整体而言，敬畏派强调了"敬"的实际操作实践的方法，而洒落派强调了这种操作实践的方向与"度"，两派并没有根本的不同，只不过要注意类似明初陈献章指出的问题："戒慎恐惧"是为了防除邪恶，这是必要的，但是应当注意不要伤害了心境的自得与和乐。

敬的具体方法与经验，明初胡居仁归结敬畏派的方法成果，提出了一个系统的次第关系：

程颐认为敬的内在主要修养方式就是"主一"，也称作"主一无适"。主一就是专心于一处，无适就是在用心于一处时不要同时又三心二意。

> 端庄整肃、严威俨恪，是敬之入头处；提撕唤醒，是敬之接续处；主一无适，湛然纯一，是敬之无间断处；惺惺不昧，精明不乱，是敬之效验处。（《明儒学案》）

"整齐严肃、提撕唤醒、主一无适、常惺

惺"，共计四种主要方式。当然，这种整理是方便对如何操作"敬"的理解，进而在操作中注意"心境的自得和乐"，就是儒家整体的持敬技术，其中，主敬是兼内外、贯动静的：意识应在任何实践状态下都保持"敬"的态度。

宋明道学并不是只提出"主敬"作为核心修身观念，最初周敦颐提出的是"主静"，陈献章一度恢复此观念，但从朱熹开始，"主敬"取代了"主静"一直作为宋明道学的主流，因为主流观念认为：敬自然会静。

曹端认为"非礼勿视，则心自静"（《明儒学案》），人的自我保持在万事万物的包围中反观得了自我——能自立、能不断建立并保持自我与自我的关系，脱离欲望的束缚与诱惑，不为所动，就是所谓的静，"不是不动便是静，不妄动方是静，故曰：'无欲故静。'到此地位，静固是静，动亦静"。（《明儒学案》）

> 湛若水，明代哲学家。字元明，号甘泉。少师事陈献章，后与王守仁同时讲学，各立门户。王主讲"致良知"。湛主讲"随处体认天理"，强调以主敬为格物功夫。

原本主静的观念，涉及静坐调息，对身体、气息进行调养，从而贯通精神与身体于一个生活系统中。陈献章教授弟子，首先就是教人静坐。但是他的弟子湛若水认为，"静"的方法仅仅是对初学者的引导，真正对自我的关注与转向，是能够贯通动静的敬，孔子讲的"居处恭"是讲静时敬，孔子讲的"执事敬"是动时敬。"敬"必须贯彻于一切阶段和状态。这是自我的"定"状态——不被动静、欲望所左右。

如果说"俭、净、敬"的节制特性与佛教的戒学相通，那么可以说，"敬"方法本身达到的真我不昧常惺惺的状态，就是与佛教的定学相通的。

人是一个完整的人，身体的健康状况会影响精神状况，精神的活动也时刻伴随着内分泌系统等生理上的反应。人体就是自动卷扬机，呼吸系统、消化系统、血液循环系统、内分泌系统，自动就在运转，人的精神活动能起到调节的作用（胡孚琛《丹道十二讲》）。当内心"敬"定之时，必然会影响到生理，反过来，生理又会影响到心理的体验。

能"敬"自然会静，正是心灵与身体之间的互动效应效果。"敬"并不仅仅是在精神世界的建设，同样是对身体进行建设。需要指出的是，这种身心互动的体验，是可能让人错误判断自己的修行进境的。比如明代罗钦顺，早年学佛参禅，颇有悟道的体验，年久自省，才意识到自己不过是迷惑于意识的某种特殊功能或状态，并没有真正体见天道。这是佛说的所谓化城，茶人当不断进取，反复淬炼自我，关心自己的灵魂是一生的事，绝不可自满停滞不前。

但是也应当指出，从身体入手也是对精神进境的助力。周敦颐首倡主静，程颢身体力行静坐，程颐见人静坐也感慨对方善学，陈白沙静坐恍然有悟，王阳明、王畿等人都有丰富调息经验，很注意调息问题。

就转向自我的方法而言，静，是一种收心的入门功夫，正所谓"欲习静坐，以调息为入门，使心有所寄，神气相守，亦权法也"。（《龙溪王先生全集》）但静不是核心性原则，核心原则是"敬"，敬是对万事万物"恭之敬之而远之"，无论如何也远不掉的，才是自己，要与它通过"觉观"对其关注、关心，从而建立与真我的关系。

茶人在茶道中学习实践的，就是首先通过"俭""净"收拾自我，转向自我，然后学习体验"敬"的技术与方法。然后，把这些方法尽可能运用到生活中来。

四

死亡挑战一切，茶人，是不断训练自己、即使遇到生命终极挑战也能直面的人。死亡来临之时，没有人能够逃避因缘的生灭，但是，茶人如果从茶道的学习中了悟"大道"，便没有什么不能接受的。只要做得到"仰不愧于天，俯不怍于人"（《孟子》），如果死亡之后还有死后的世界，那敢情好，即使没有，即使一切成空，又有什么关系呢。因为，死亡的挑战已经被直面、接受、应对，死亡已经在生前就被超越。

茶人需要学习的技术性的事情并不止于此。

茶人不是茶农，但茶叶的品质是否需要学习？茶人不是茶厨师，但是茶食的营养、制作是否需要学习？茶人不是品茶师，但茶的口味特性是否需要学习？茶人不是茶艺师，但制茶、泡茶的技艺是否需要学习？茶人不是茶学者，但与茶相关的文化技能是否需要学习？

茶人不是为了追逐口腹之欲，但是否需要炮制美味可口的香茶？茶人不是为了铺张奢华，但学习彰显茶道的重器珍具是否需要寻觅？茶人不是为了附庸风雅，但让神圣降临人间的"美"之艺术是否需要不断磨炼？茶人不是为了追名逐利，但传播茶道的教学推广是否需要坚持进行？

茶人不是红尘之外的人，茶人之所以学习各种自我的技术，是为了改造日常生活，茶人是在普通生活中转换生活方式性质为茶性的人。比如，茶人从茶道中学习体验的由"敬"而生的礼中"静"，效能类似武术界的桩功，并不仅仅在绝对的形体静上追求定，而是在礼法的动态中入定，让动态的生活中精神达到并维持入"定"。在心灵的诚敬定状态中，心中的万事万物自然徐徐澄澈，非我的内容清晰展现，一旦确认，就对它们生起"敬"之心，隔离开来，达到真我的初始显露。这种技术与能力，是在茶道的"显"环节中学习训练的，但是，茶人更需要将此种能力引入贯彻到"隐"环节，在日常生活中由"敬"而礼、借礼而"定"、借"定"体"道"，不断建立真我。如此一来，普通的生活，从血液里也融入了潜在的茶性。

遵循"敬"，茶人在茶道中训练、体悟、掌握到的"礼意"，融入日常生活中的"冠礼、昏礼、相见礼、乡饮酒礼、丧礼、祭礼"，努力处理好生活中生、死、青春期、婚姻等重大人生事件，让生命的每一分钟，构建出自己独特的生命意义。

敬而不失和乐，和，是敬真正要导向的方向。天地和、天人和、人我和、自我和，中和、太和，性与情统一，理性与感性统一，宇宙万物的有机统一与和谐，伴随着天人合一的和谐之美。

茶人，就是借助茶道的训练真正关心自己、转向自我，进行

"敬"的修养，强化内在的灵魂，让灵魂通过规则体会"易"、熟悉"易"，让人不需要灵魂"捞摸处"，不为欲望等束缚真我的自由，让真我能够自胜自主，从而随便面对外在的"易"，不需要神圣秩序，就是最大的神圣。内圣也，得道也。

这个过程，是在茶人红尘普通生活方式中进行的，所有的技艺尽管需要学习、训练，当茶人根据自己所学，在日常生活中面对自己生命的贪、嗔、痴、慢、疑，面对自己生命的七宗罪：骄傲、悭吝、迷色、愤怒、嫉妒、贪饕、懒惰，也依然能够不为所困，真正将所学为自己生活所应用，才是真正地入了茶道。千利休说：

> 其实，真正的茶道之中是没有什么非学不可的重要技法的，一切按照自己的创意和旨趣进行，这才是台子式茶法的最高境界。能够从他人那里学来的不传之秘是根本不存在的！（转引自赵方任《日本茶道逸事》）

归根到底，茶道是红尘中茶人自己的交代。"佛法在世间，不离世间觉，离世觅菩提，恰如求兔角。"（《坛经》）

《维摩诘经》中，世尊为众生展现了这个世界真正的美好面目，茶人不正是在这个净土世界中修行的吗？正如歌曲"What a wonderful world"所言。

> I see trees of green, red roses too
>
> I see them bloom for me and you

and I think to myself

—what a wonderful world.

I see skies of blue and clouds of white

the bright blessed day, the dark sacred night

and I think to myself

—what a wonderful world.

the colors of the rainbow so pretty in the sky

are also on the faces of people going by

I see friends shaking hands saying how do you do

they're really saying I love you.

I hear babies cry, I watch them grow

they'll learn much more than I'll never know

and I think to myself

—what a wonderful world

yes I think to myself

—what a wonderful world.

后记

这部书缘起于曾在日本专门研习里千家茶道的滕军老师。因为工作的关系,曾经需要比较深度地体验日本文化,所以跟滕老师学习基础的日本茶道,原本的目的就是体验体验,结果有一次演习茶道的动态过程中,居然进入了状态,真是奇妙。

有了这次体验之后,自己从此真的对茶道感兴趣起来,于是就向滕老师请教茶道中的中华内涵渊源。结果她说,在日本读茶道博士期间,她就处处感受到日本茶道中的中华元素,而且,她回国的时候曾经尝试向国内回传这种精华,但是令她苦恼的是,其一,她没有中华文化深层的专业研究,将日本茶道中的中华要素提炼出来的任务很困难;其二,社会时代环境一度发展不足,在中国只能教日本人学茶道。滕老师说她很无奈,当时只好到北大教日语去了,茶道变成了业余的人生坚持。前一个原因应该是她的谦虚,后一个可能才是她人生转向的真正原因。

令我想不到的是,这次对话滕老师当场给我派了个差,她说你既然是哲学出身,还是研究传统文化的,那么,就由你来挖掘日本茶道的中华内涵吧。我当时立刻吓了一跳,从反复推托到犹豫不决,最后,滕老师的热情和自己对茶道神秘体验的好奇占了上风,开始在滕老师的专业指导下尝试完成这个研究。只是没想到,这个研究陆陆续续居然进行了三年多,才初步形成了现在这本书。

现在终于有机会出版本书,回首时光,依然感慨良多。茶道的入定效果自己早已能够从自发变成自觉，然而本书的内容一定存在着重大的可改进的地方，不过基于本书内容研究的状态，依然如此命名，还望广大茶友多多指教。

2015 年 11 月于北京

再改于 2020 年 1 月于北京